Heinrich Hebgen Wohnen ohne Feuchteschäden

Heinrich Hebgen

Wohnen ohne Feuchteschäden

Schwachstellen
und ihre Vermeidung
Hinweise für Eigentümer
und Mieter

Energie-Verlag GmbH Heidelberg

ISBN 3-87200-655-X

1. Auflage 1986

Zeichnungen: H. Hebgen, F. Vogt

Gestaltung: Friedrich Vogt

Vorwort

Feuchteschäden in Häusern und Wohnungen breiten sich aus; es häufen sich die Mietstreitigkeiten wegen feuchter Wohnungen. Man stellt fest: Nach dem Einbau neuer, isolierverglaster Fenster sind die Wände auch in Wohnungen plötzlich naß, wo sie bisher trocken waren.

Aus einschlägigen Gerichtsurteilen ergibt sich, daß in Schadensprozessen sowohl Eigentümer/Vermieter wie auch die Mieter die Unterlegenen sein können. Bei neueren Bauten wird mitunter auch der Architekt belastet.

Sachverständige sehen sich oft außerstande, die Schadensursache eindeutig zu bestimmen – liegt es am Wohnverhalten des Mieters oder sind es Baumängel?

Folgerichtig wird eine internationale Zusammenarbeit angestrebt, um die Ursachen der Feuchteschäden an Häusern zu erforschen und Abhilfemaßnahmen zu entwickeln. In den mitteleuropäischen Ländern sollen bis zu 20 Prozent des Gebäudebestandes erheblich geschädigt sein. Der hierdurch verursachte wirtschaftliche Schaden wird jährlich auf Milliardenhöhe geschätzt.

Dieses Buch will – neben anderer bereits vorliegender Literatur – ein Anfangsschritt in dieser Richtung sein. Der Verfasser ist als Autor einiger Fachbücher bekannt. Er hat seine jahrzehntelangen Erfahrungen bei der Errichtung von Gebäuden, vor allem seine bei der Bearbeitung des baulichen Wärmeschutzes gewonnenen Erkenntnisse, in dieses Buch einfließen lassen.

Schwierig erscheinende bauphysikalische Zusammenhänge sind leicht verständlich, übersichtlich und praxisgerecht aufbereitet.

Beim Bundeswettbewerb THERMA 1975 erhielt Heinrich Hebgen den ersten Preis für das Objekt Frankfurt am Main. Es handelt sich um die auf Seite 22 beschriebene Maßnahme, deren Erfolg durch mehrjährige Messungen eindeutig bestätigt wurde.

Allen, denen der bauliche Zustand von Haus und Wohnung – besonders aber die Gesundheit – am Herzen liegen und die Schäden sowie einer Wertminderung vorbeugen wollen, empfehlen wir, dieses Buch zu lesen.

Energie-Verlag GmbH

Heinrich Hebgen
Architekt BDA, Jahrgang 1920
Über 30 Jahre Tätigkeit als freier Architekt (Wohnungsbau, Heime, Jugendherbergen, Kirchen)
Autor von Publikationen, vor allem auf dem Gebiet des baulichen Wärmeschutzes
Erfindungen auf dem Bausektor

Inhalt

Einleitung

Der Titel dieses Buches könnte auch lauten:

Energiesparen und dabei Feuchteschäden vermeiden.

Leider hat es im Zusammenhang mit energiesparenden Maßnahmen auch Schäden gegeben. Gravierend sind besonders die Feuchteschäden nach dem Einbau neuer und dichter Fenster in Altbauten, bei denen der bauliche Wärmeschutz nicht verbessert wurde. Darüber hinaus kann es in allen Gebäuden Feuchteschäden geben, die mit den dichten Fenstern oder dem Energiesparen nicht im Zusammenhang stehen.

Dieses Buch will keine Bauphysiklehre für Fachleute sein. Es sollen vielmehr Ausführungen sein, die auch der Laie versteht. Ein Buch, in dem Schwachstellen aufgezeigt, deren Vermeidung erklärt und Vorschläge zur Behebung genannt werden.

Die wichtigsten bauphysikalischen Vorgänge werden kurz und allgemeinverständlich erklärt. Den Einstieg hierzu ermöglicht die an den Anfang gestellte Erläuterung von Begriffen. Die Erklärung von physikalischen oder technischen Vorgängen erfolgt unter Verwendung von Bezeichnungen, wie sie auch in der offiziellen Fachsprache üblich sind.

Einschränkend ist darauf hinzuweisen, daß Maßnahmen gegen Außenfeuchte nicht behandelt werden.

Beim Durchlesen der folgenden Ausführungen erhält man – in Verbindung mit dem ausführlichen Inhaltsverzeichnis – einen Überblick über dieses Buch in kürzester Form.

Es hat keinen Sinn, lediglich Rezepte über bestimmte Maßnahmen anzubieten. Deshalb werden vorab Begriffe erläutert, die mit Feuchteschäden und Energiesparen in Zusammenhang stehen (ab Seite 10).

Bei der Vermeidung von Feuchteschäden und mehr noch beim Energiesparen hat der bauliche Wärmeschutz einen sehr hohen Stellenwert (ab Seite 26).

Die Fenster, von Anfang an eigentlich nur Öffnungen, die das Tageslicht hereinlassen, sind zu einem sehr wichtigen Kriterium geworden. Die heutigen ausgereiften Fenster werden gelobt (Energiesparen) und getadelt (Feuchteschäden) zugleich (ab Seite 34).

Baulicher Feuchteschutz – auch heute noch für viele ein Begriff für die Verhinderung von eindringendem Wasser. Im Zusammenhang mit den besprochenen Feuchteschäden wird man feststellen, daß die unsichtbare Raumfeuchte oft viel gefährlicher sein kann. Berichten zufolge sind zwei Drittel aller Feuchteschäden in Gebäuden auf Kondensationsfeuchte zurückzuführen (ab Seite 43).

Die Wohnungslüftung war schon immer ein Problem. Über viele Jahrhunderte hinweg mußte man ein Zuviel an Luft abwehren. Heute müssen wir dafür sorgen, daß genügend Luft hereinkommt (ab Seite 58).

Was man früher kaum beachtete, ist in unserer heutigen Wohnwelt fast zu einer Plage geworden. Feuchteschäden breiten sich aus. Über die häufigsten Ursachen will dieses Buch Auskunft geben. Dabei werden die Wärmebrücken recht ausführlich behandelt (ab Seite 73).

Neben den baulichen Wärmebrücken gibt es in bestimmten Räumen Bereiche, die ebenfalls als Verursacher von Feuchteschäden in Frage kommen können (ab Seite 83).

Die Beseitigung von Feuchteschäden ist mehr als nur ein Wegwischen von Ablagerungen. Um Ursachen und Auswirkungen klar zu erkennen, sind einige Kenntnisse erforderlich (ab Seite 88).

Die meisten Feuchteschäden entstehen aus Unkenntnis über die bauphysikalischen Zusammenhänge. Aber so wie jeder Autofahrer lernen muß, sein neues Auto richtig zu bedienen, so müssen wir auch lernen, die im Zusammenhang mit der Energieeinsparung veränderte Wohnung zu betreiben.

Begriffe und Maßnahmen

die man kennen sollte, um dieses Buch besser zu verstehen.

Klarstellung eines Begriffes

Der Begriff „Isolieren“ wurde früher als Sammelbegriff für alle möglichen Schutzmaßnahmen verwendet. Inzwischen hat man diesem Begriff ein fest umrissenes Anwendungsgebiet zugewiesen und weitere Begriffe eingeführt:

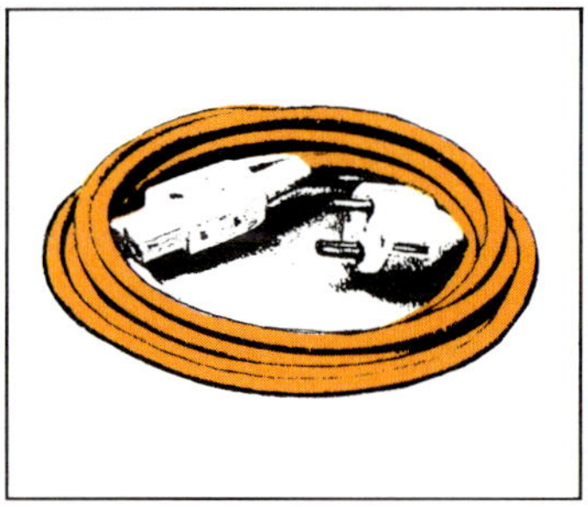

1

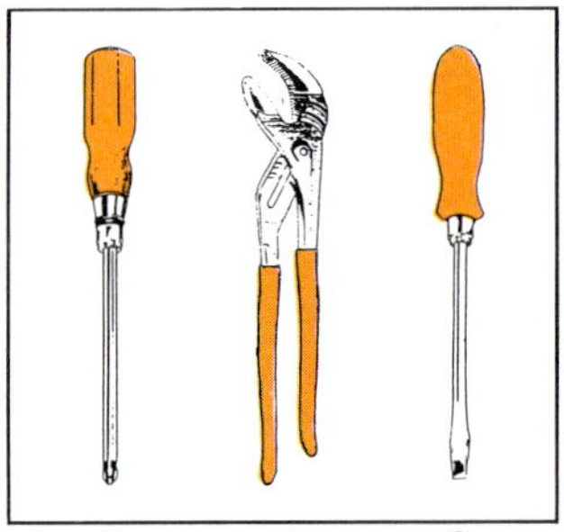

2 3 2

1 Isolieren

Schutz gegen Elektrospannungen (isoliertes Kabel (1), isolierter Schraubendreher (2), isolierte Zange (3), Isolierband usw.)

4

5

2 Dämmen

Maßnahmen gegen Temperatur- und Schalleinflüsse (Dämmstoff, Dämmschicht, Wärmedämmung, Außendämmung (4), Kellerdämmung (5), Schalldämmung, Trittschalldämmung usw.)

6

7

3 Sperren und Dichten

Schutz gegen Feuchtigkeit (Dichtstoff, Fugendichtung (6), Dichtungsbahn, Feuchtigkeitssperre (7) usw.)

Nach diesen Kriterien dürfte es auch keine **Isolierscheiben**, sondern nur noch **Dämm- oder Wärmedämmscheiben** geben, als Bezeichnung für zwei und mehrere Scheiben mit Randverbund.

Bauphysik

Bauwerke sind vielfältigen physikalischen Einflüssen ausgesetzt. Besonders zu beachten sind neue Bauverfahren sowie die Verwendung von neuen Baustoffen.
Leider hat man die Bedeutung bauphysikalischer Gesetzmäßigkeiten im Bauwesen lange Zeit nicht voll erkannt. Dadurch sind ungeheure Werte an Volksvermögen vorzeitig zerstört worden.
Die Bauphysik ist ein auf naturwissenschaftlichen Grundlagen beruhendes Arbeitsgebiet.
Sie umfaßt alle von der Physik beeinflußten Aufgabenbereiche innerhalb der Bautechnik, besonders die Gebiete **Wärmeschutz, Feuchtigkeitsschutz**, Schallschutz und Akustik, Brandschutz, Tageslichttechnik.

Baulicher Wärmeschutz

Alle Maßnahmen, die den Wärmeaustausch zwischen Räumen und der Außenluft bzw. zwischen Räumen verschiedener Temperatur verringern.

Wärme

Wärme ist eine Form von Energie. Wärme will immer zur kalten Seite, im Winter also von innen nach außen. Um die erforderliche Innentemperatur zu halten, muß die nach draußen abgewanderte Wärme durch entsprechenden Heizaufwand ständig ergänzt werden. Der Wärmeaustausch ist also ein physikalischer Vorgang. Er kann nicht unterbunden, sondern nur durch eine entsprechende Ausbildung der Bauteile (Wärmedämmung) gebremst werden.
Der winterliche Wärmeverlust geschieht auf zwei Wegen:

Transmissionswärmeverlust
Wärmeverlust, der durch das Abwandern von Wärme aus beheizten Räumen durch die Bauteile hindurch nach außen entsteht.

Lüftungswärmeverlust
Wärmeverlust, der aus beheizten Räumen durch die Gebäudeöffnungen (Fugen, Entlüftungsöffnungen, offene Fenster u.ä.) nach außen entsteht.

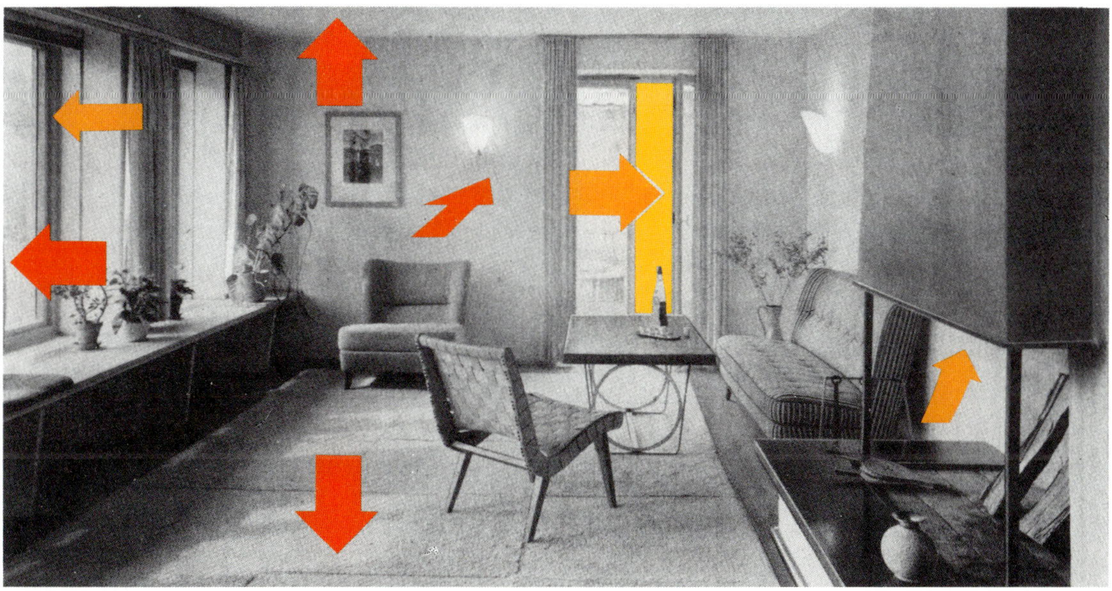

4 **Wärmeverluste im Winter**
Transmissionswärmeverluste (rote Pfeile), Lüftungswärmeverluste (orange Pfeile)

Die Wärme entweicht auch durch den Schornstein, wenn die Luftklappe beim offenen Kamin nicht geschlossen ist.

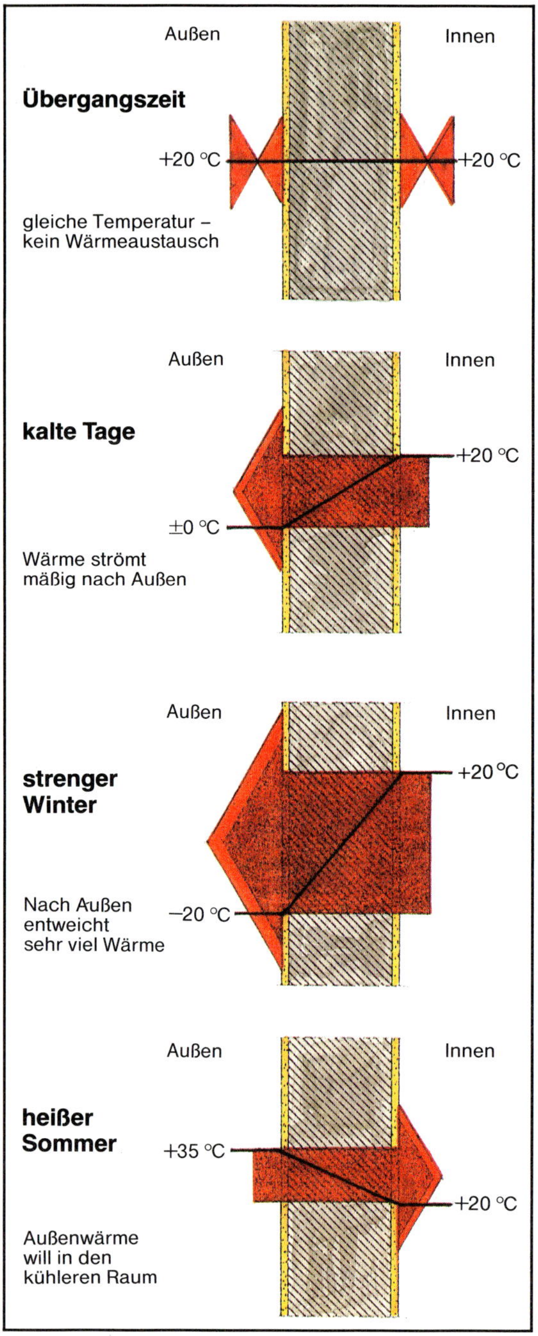

5 **Wohin fließt die Wärme?**
Schematische Darstellung des Wärmestroms

Temperatur

Die Temperatur ist ein Maß für den Wärmezustand eines Körpers.

Die bei uns gebräuchliche Temperaturskala (Celsius-Skala) wird durch den Schmelzpunkt des Eises (0 Grad Celsius) und durch den Siedepunkt des Wassers (100 Grad Celsius), beide unter Normaldruck, definiert.

Wärme und Temperatur sind zwei grundverschiedene Sachverhalte und dürfen nicht durcheinander gebracht werden:

Wärme ist eine Form von Energie, die man als Wärmemenge mißt.

Die **Temperatur** gibt dagegen an, auf welchem Niveau sich diese Energieform befindet.

Kälte ist der im allgemeinen Sprachgebrauch übliche Begriff für Wärme unterhalb des Gefrierpunktes, also für niedrige Temperaturen.

k-Wert

Der Wärmedurchgangskoeffizient, besser bekannt als k-Wert, gibt die Wärmemenge an, die durch ein Bauteil strömt. Im Zusammenhang mit dem baulichen Wärmeschutz ist der k-Wert die bekannteste und auch am meisten gebrauchte Rechengröße für die Beurteilung der Wärmedämmfähigkeit von ebenen Bauteilen. Es ist dabei gleichgültig, ob es sich um Wände, Dekken, Böden oder um Dächer handelt.

In Tabelle 8 (Seite 15) sind die wichtigsten Bauteile mit ihrem k-Wert, abgestimmt auf die jeweilige Stufe des baulichen Wärmeschutzes, aufgeführt.

Zum k-Wert zwei Merksätze:

Je kleiner der k-Wert, um so besser der Wärmeschutz und um so geringer die Heizkosten.

Oder anders gesagt:

**Je kleiner der k-Wert,
desto größer der Sparwert.**

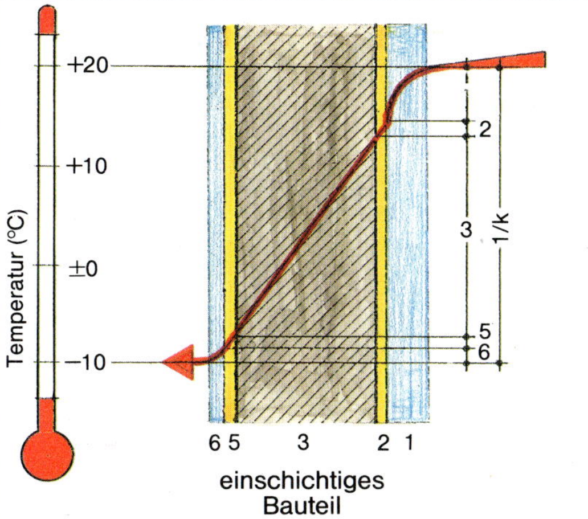

Wärmedurchgang durch eine einschichtige Außenwand – Beispiel:

Wärmedämmwert der Wand mit den Schichten 2, 3 und 5	= 1,08 m^2K/W
Wärmedämmwert der Luftgrenzschichten 1 und 6	= 0,17 m^2K/W
Wärmedurchgangswiderstand 1/k (alle Schichten)	= 1,25 m^2K/W

$$\textbf{k-Wert} = \frac{1}{1{,}25} = \mathbf{0{,}80\ W/m^2K}$$

Der k-Wert ist die Umkehrung des Wärmedurchgangswiderstandes 1/k, also: 1 : 1/k = k

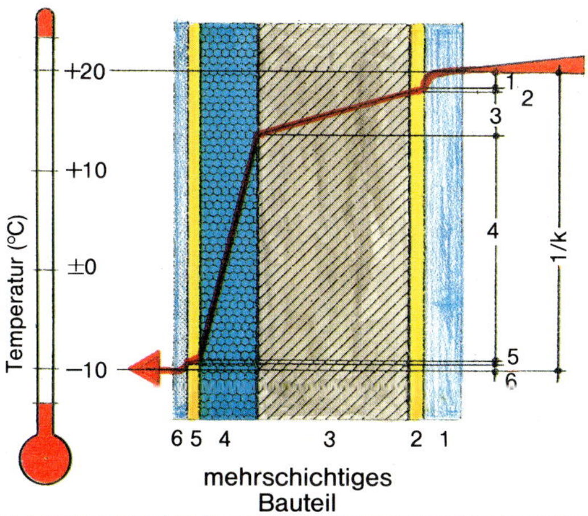

Wärmedurchgang durch eine mehrschichtige Außenwand – Beispiel:

Wärmedämmwert der Wand mit den Schichten 2, 3, 4 und 5 (daran ist die Außendämmung mit über 80 % beteiligt)	= 2,47 m^2K/W
Wärmedämmwert der Luftgrenzschichten 1 und 6	= 0,17 m^2K/W
Wärmedurchgangswiderstand 1/k (alle Schichten)	= 2,64 m^2K/W

$$\textbf{k-Wert} = \frac{1}{2{,}64} = \mathbf{0{,}38\ W/m^2K}$$

6 **Wärmedurchgang durch ein Außenbauteil** – Erläutert am k-Wert von Außenwänden

Beurteilung der sechs Bauteilschichten

1. Die innere Luftgrenzschicht ist ein kleines wärmedämmendes Polster vor der Wand. Die Dämmwirkung ist um so größer, je ruhiger die Luft ist.
2. Für den Wärmeschutz bringt der Innenputz wenig. Er kann aber ein sehr guter Feuchtespeicher und Klimaregler sein.
3. Bei der einschaligen Außenwand (oben) ist das Mauerwerk tragend und dämmend zugleich. Bei der Außenwand mit Außendämmung (unten) hat sie überwiegend nur noch tragende Funktion.
4. Die außenliegende Wärmedämmschicht bietet der aus dem Raum entweichenden Wärme den größten Widerstand.
5. Der Außenputz mit geringem Dämmwert muß auf den Putzuntergrund und die zu erwartenden äußeren Einflüsse abgestimmt sein.
6. Besonders abhängig von der Geschwindigkeit der vorüberziehenden Luft und der Beschaffenheit der Bauteiloberfläche. Bei hochwärmegedämmten Bauteilen ist der Einfluß des äußeren Wärmeübergangswiderstandes sehr gering.

Drei Stufen des baulichen Wärmeschutzes

1. Mindest-Wärmeschutz

Unterste Grenze des baulichen Wärmeschutzes. Er ist aber oft nicht ausreichend für ein behagliches Raumklima und zur sicheren Vermeidung von Bauschäden. Im kalten Winter muß praktisch durchgeheizt werden.

Der Energieverbrauch ist enorm.

Deshalb nicht zu empfehlen!

2. Erhöhter Wärmeschutz

Spürbare Verbesserung des Wärmeschutzes. Dies hat sich vor allem nach Einführung der Wärmeschutzverordnung ergeben.

Zwischenabsenkungen bei der Heizung sind möglich. Dadurch ein reduzierter Energieverbrauch.

3. Optimaler Wärmeschutz

Wirtschaftlich sinnvoller Wärmeschutz, besonders im Hinblick auf die steigenden Energiekosten. Darüber hinaus ergibt sich eine besonders angenehme Wohnbehaglichkeit.

Bei gut wärmespeichernden Bauteilen für die Raumbegrenzung sind längere Absenkungen bei der Heizung möglich – ohne daß der Raum merklich auskühlt. Dadurch ein geringer Energieverbrauch.

Deshalb sehr zu empfehlen!

Vollwärmeschutz

Ein sachlich irreführender Begriff, der mitunter zu Werbezwecken verwendet wird (z. B. Vollwärmeschutz-Systeme). Aber Vorsicht: Einen totalen Wärmeschutz, bei dem jeglicher Wärmeverlust vermieden wird, gibt es nicht.

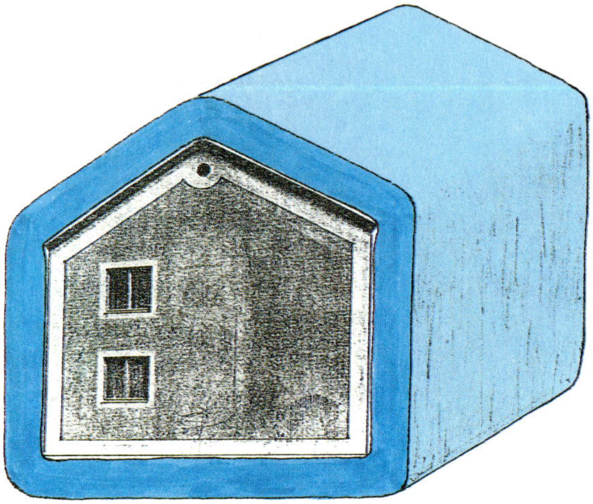

7 Das Haus ist ringsum in eine meterdicke Dämmschicht eingehüllt. Es ist aber immer noch kein Vollwärmeschutz.

Zur nebenstehenden Übersicht 8

Zur weiteren Erklärung der drei Stufen des baulichen Wärmeschutzes werden drei Außenwände und drei Fenster mit unterschiedlichem k-Wert gegenübergestellt. Es handelt sich um k-Werte, die mit den Angaben in Tabelle 18 (Seite 27) übereinstimmen.

Man erkennt deutlich, daß sich bei einem erhöhten oder gar optimalen Wärmeschutz – gegenüber einem Mindest-Wärmeschutz – eine spürbare Verringerung der Heizkosten ergibt.

Mindest-Wärmeschutz: Ein normales Kleid, man friert. Großer Wärmeverlust! **Erhöhter Wärmeschutz:** Ein leichter Mantel, man friert immer noch. Mittlerer Wärmeverlust! **Optimaler Wärmeschutz:** Ein Wintermantel, hält wohlig warm. Geringster Wärmeverlust!			
Gegenübergestellt werden:	**Mindest-Wärmeschutz**	**Erhöhter Wärmeschutz**	**Optimaler Wärmeschutz**
Außenwand (ohne Fenster) Mögliche Wandfläche bei 0,5 kW Wärmeverlust pro Stunde bei –10 °C Außentemperatur	k-Wert 1,4 12 m^2	k-Wert 0,6 28 m^2	k-Wert 0,3 56 m^2
Fenster in der Außenwand Mögliche Fensterfläche bei 0,5 kW Wärmeverlust pro Stunde bei –10 °C Außentemperatur	Einfachverglasung k-Wert 5,2 3,25 m^2	zweifaches Isolierglas k-Wert 2,6 6,50 m^2	Wärmeschutz-Isolierglas k-Wert 1,4 12 m^2
Heizkosten Wenn der Wärmeverlust des gesamten Hauses etwa der jeweiligen Wärmeschutzstufe entspricht	100 %	ca. 60 %	ca. 35 %

8 **Was im kalten Winter Kleidung und Wohnhaus gemeinsam haben**

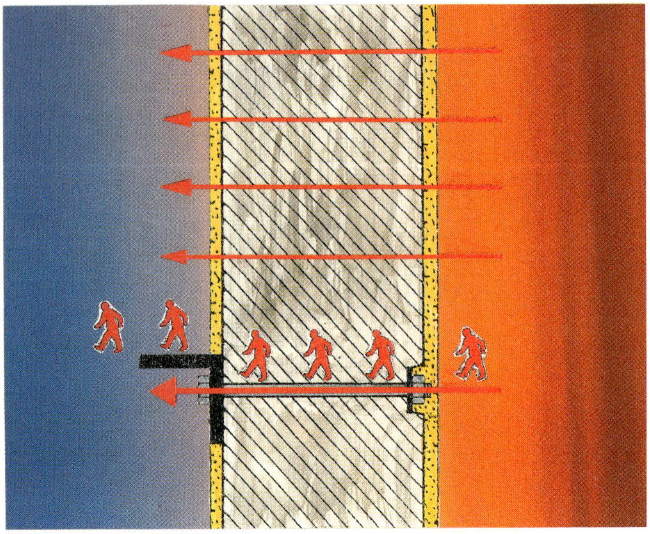

9 Wärmebrücken

Örtlich begrenzte Stellen in Bauteilen, die gegenüber der Hauptfläche eine wesentlich geringere Wärmedämmung haben. Der hierfür oft benutzte Ausdruck *Kältebrücken* ist physikalisch nicht richtig, da die Wärme über diese „Brücke" nach außen wandert und nicht die Kälte herein.

Der dargestellte kräftige durchgehende Stahlbolzen ergibt eine punktförmige Wärmebrücke und zeichnet sich als solche auf der Innenseite ab, auch wenn die Verankerungsschraube zugeputzt ist.

Begriffe zum Feuchteschutz

Wasserdampf
Gasförmiges Wasser, das in der Luft in wechselnden Mengen enthalten ist. Wasserdampf hat das Bestreben, sich gleichmäßig zu verteilen und durch Baustoffe zu diffundieren. Bei Abkühlung auf die Kondensationstemperatur (Taupunkt) entsteht Tauwasser.

Luftfeuchtigkeit
Luft enthält in der Regel Wasser in gasförmigem Zustand in Form von Wasserdampf. Je höher die Temperatur ist, um so mehr können von der Luft Feuchtigkeitsmengen aufgenommen werden.

Absolute Luftfeuchte
Tatsächlicher Gehalt der Luft an Wasserdampf in Gramm pro Kubikmeter Luft.

Relative Luftfeuchte
Luft hat gewöhnlich nur einen Teil des höchstmöglichen Feuchtigkeitsgehaltes: die relative Luftfeuchte. Es ist der Prozentsatz der bestehenden Feuchtigkeitsmenge in bezug auf die Sättigungsmenge.

Taupunkt
Temperatur, bei der die Luftfeuchte durch Abkühlung ihren Sättigungsgehalt erreicht (100 Prozent). Bei weiterer Abkühlung scheidet sich infolge Kondensation die überschüssige Feuchtigkeitsmenge als Tauwasser aus.

Tauwasser
Feuchtigkeit, die sich aus der Luft an oder in Bauteilen niederschlägt, wenn sich die Luft unter ihren Taupunkt abkühlt. Die Wasserbildung in Bauteilschichten wird auch als Kondenswasser bezeichnet.

Aufschaukelung
Periodische Einwanderung von Feuchte in ein Bauteil, die in der Austrocknungszeit nicht voll entfernt wird und von Periode zu Periode (Jahr) zunimmt. Ist das Bauteil total mit Feuchte gesättigt, dann fließt meist auf der Raumseite flüssiges Wasser heraus.

Dampfsperre
Dichte Schicht, die das Eindringen von Feuchtigkeit in Bauteile verhindern (sperren) soll. Sie muß immer an der Warmseite, das heißt auf der Raumseite des Bauteiles angeordnet werden.

Dampfbremse
Eine Schicht von geringerer Dichte, die das Eindringen von Feuchtigkeit abmindern (bremsen) soll.

Wohnbehaglichkeit

Was hat ein Buch „Wohnen ohne Feuchteschäden" mit der Wohnbehaglichkeit zu tun? Sehr viel! Denn trockene Räume und eine trockene Gebäudekonstruktion sind Voraussetzung für ein behagliches und gesundes Wohnen.

Bei einem richtig ausgeführten Wärme- und Feuchteschutz – auch wenn dies nachträglich geschieht – wird ganz von selbst auch die Wohnbehaglichkeit angehoben. Dies ist ein nicht zu unterschätzender Vorteil, auch wenn er sich nicht in Mark und Pfennig ausdrücken läßt, wie z. B. die Einsparung von Energie.

Gegenüber früheren Maßstäben auf dem Gebiet der Wohnbehaglichkeit ist ein Umdenken erforderlich. Neue Bauarten und die Weiterentwicklungen bei der Haustechnik einschließlich der Gebäudeheizung machen es möglich, nunmehr auch höhere Ansprüche zu befriedigen. Weiterhin ist zu bedenken, daß sich gegenüber früher die Bekleidungs- und Ernährungsgepflogenheiten verändert haben. Schließlich hat auch noch der hohe Lebensstandard eine erhöhte Empfindlichkeit mit sich gebracht.

So wurden z. B. nach dem ersten Weltkrieg Wohnraumtemperaturen von 18 bis 20 °C bei der Berechnung von Warmwasserheizungen zugrunde gelegt. Heute werden hierfür 20 bis 22 °C angenommen.

Behaglichkeit und menschlicher Wärmehaushalt

Die Körperwärme ist in der Hauptsache eine Folge des Energiestoffwechsels. Dabei hilft der Sauerstoff in der eingeatmeten Luft, die eingenommene Nahrung in Energie umzusetzen. Der Wärmeträger ist das Blut, das die Wärme von den inneren Organen zu allen Körperteilen und der Haut befördert, dabei etwas an Temperatur verliert, zurückströmt und in den inneren Organen wieder Wärme aufnimmt.

10 Unbehagliche und meist auch ungesunde Räume.

11 Behaglichkeit im Volksmund: Gemütliche und angenehme Atmosphäre, häusliche Annehmlichkeit.

Neben den baulichen Gegebenheiten ist die Behaglichkeit in erster Linie von einem geregelten körperlichen Wärmehaushalt abhängig. Der in einer behaglichen Wohnung lebende Mensch soll weder schwitzen noch frieren, denn

- bei übermäßiger Wärmeentwicklung wird man sehr rasch müde, die geistige und körperliche Leistungsfähigkeit nimmt ab;
- bei starker Abkühlung entsteht ein erhöhter Bewegungsdrang, der Körper will mehr Wärme produzieren, die Konzentrationsfähigkeit geht dabei zurück.

Die Normaltemperatur des menschlichen Körpers beträgt rund 37 °C. Die dauernde Wärmeabgabe des Körpers an die Umgebung wird in einem behaglichen Raum kaum wahrgenommen. Eine vermehrte Wärmeabgabe entsteht, wenn z. B. an einer ungenügend gedämmten Außenwand der davor stehende Mensch das Gefühl hat, es zieht. In Wirklichkeit wird aber die vom Körper ausgehende Wärme von der kalten Wandoberfläche begierig aufgesogen.

Eine Wärmeabgabe des Körpers durch Wärmeleitung (Kontaktwärme) findet statt, wenn die nackte Hand oder der nackte Fuß einen anderen Gegenstand berührt. Dabei wirken

- eine Stahltürzarge oder ein Steinboden kalt, da sie viel Wärme entziehen;
- eine Holztür oder ein Holzfußboden angenehm, da nur wenig Wärme entzogen wird;
- ein Schaumstoff oder ein Teppichboden warm, da dem Körper fast keine Wärme entzogen wird.

Daraus erkennt man, daß eine wichtige Voraussetzung für angenehmes Wohnen die Fußwärme ist, denn kalte Füße werden als außerordentlich unbehaglich empfunden. Wie sagt schon Wilhelm Busch: „Kalte Füße sind lästig, besonders die eigenen“.

Behaglichkeit und Raumheizung

Für die meisten ist es heute kaum noch vorstellbar, daß gleich nach dem letzten Krieg oft nur ein Raum in der Wohnung beheizt werden konnte. Nur wenige hatten eine Zentralheizung, die mit Koks betrieben wurde.

Ab 1950 setzte sich schließlich Erdöl als Alternative zur Kohle immer mehr durch. Das Heizöl war bequemer und preiswerter als der bislang verwendete feste Brennstoff, denn es erlaubte einen vollautomatischen Heizbetrieb auch bei kleinsten Anlagen.

Aber die Heizung einer Wohnung oder eines Hauses ist auch heute noch der größte Energieverbraucher. Fast 80 Prozent des Energiebedarfs in einem privaten Haushalt werden für die Raumheizung benötigt. Dazu kommen die ständig steigenden Heizkosten, denen man nur durch eine Verringerung des Wärmebedarfs, also durch eine Verbesserung der Wärmedämmung und einen rationellen Heizungsbetrieb begegnen kann. Denn dort, wo viel verbraucht wird, läßt sich auch am meisten einsparen. Dazu kommt: Wir müssen sparen, wollen wir auch in Zukunft noch in warmen und behaglichen Wohnungen leben. Hierzu sind neue Techniken in der Weiterentwicklung, wie z. B. Wärmepumpe und Wärmerückgewinnung.

Zu den Heizsystemen, die sich besonders bei hochwärmegedämmten Gebäuden vorteilhaft verwirklichen lassen, gehören auch Elektro-Speicherheizungen mit flink regelbaren Geräten.

Die **sanitären Einrichtungen** haben heute einen Standard erreicht, der kaum mehr zu überbieten ist. Von den über 25 Millionen Wohnungen in der Bundesrepublik Deutschland sind über 90 Prozent aller Wohneinheiten mit Bad und WC ausgestattet. Rund 70 Prozent verfügen zusätzlich über eine Sammelheizung.

12 **Beheizungsstruktur in der Bundesrepublik Deutschland ab dem Jahr 1955**

Quelle: Statistische Jahrbücher.

Außerdem: Wohnungen nach Heizenergien (unten)

Quelle: VDEW

Mit dem wachsenden Wohlstand sind zugleich die Ansprüche im Wohnungsbau angestiegen. Dieser Trend läßt sich deutlich an der Entwicklung der Beheizungsart der Wohnungen verfolgen, so wie im nebenstehenden Diagramm dargestellt. Die darin gemachten Angaben beziehen sich auf den gesamten Wohnungsbestand, also auch auf die älteren Gebäude.

Im Jahr 1955 betrug der Anteil der Einzelheizungen noch 91 Prozent. Bis 1980, also innerhalb von 25 Jahren, ging der Anteil der Einzelheizungen auf 30 Prozent zurück, heute überwiegen die Sammelheizungen mit noch weiter zunehmender Tendenz.

Der Einsatz der Heizenergien im Wohnungsbau hat eine ähnliche Entwicklung durchlaufen.

Im Jahr 1955 wurden noch 94 Prozent feste Brennstoffe verheizt, heute sind es noch nicht einmal 10 Prozent. Dafür ist ab 1960 der Anteil des Heizöls von knapp 10 Prozent auf über 50 Prozent in den Zeiträumen 1975/80 angewachsen.

Ähnlich, wenn auch nicht so stürmisch wie beim Öl, wird für die Wohnungsbeheizung immer mehr Gas eingesetzt. Der Anteil an Gas betrug 1965 lediglich 3,5 Prozent, heute sind es über 26 Prozent.

Strom und Fernwärme als Heizenergien nehmen ab 1965 stetig zu, wenn auch etwas verhaltener als Öl und Gas.

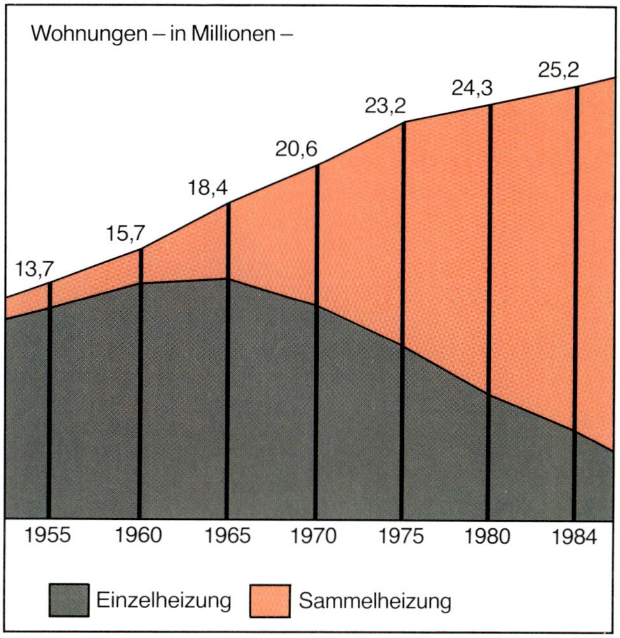

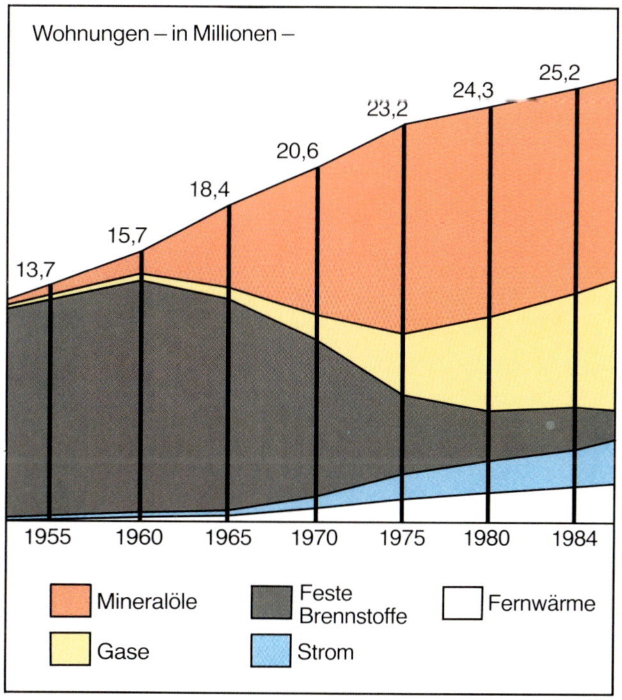

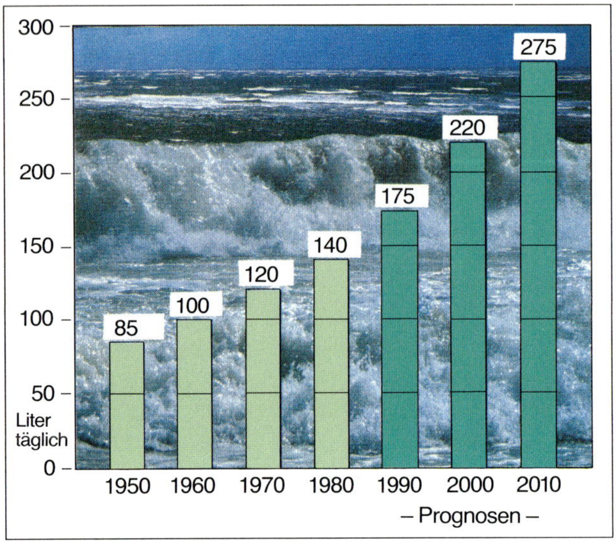

13 **Täglicher Wasserverbrauch je Einwohner**

in der Bundesrepublik Deutschland.

Quelle: Bis 1980 Bundesverband der Deutschen Gas- und Wasserwirtschaft.

Außerdem: Ausstattung der Wohnungen mit Waschmaschinen und Geschirrspülern (unten)

Der Wasserverbrauch in unseren Haushalten hat in den letzten 30 Jahren um 40 Prozent zugenommen. Für die Zukunft muß mit einer weiteren Steigerung gerechnet werden. Dabei liegen die im obenstehenden Diagramm gemachten Prognosen eher an der unteren Grenze.

Zum Vergleich: Im Jahr 1800 soll in Deutschland der tägliche Wasserverbrauch pro Person lediglich 10 bis 30 Liter betragen haben.

Als Hauptgrund für den ständig zunehmenden Wasserbedarf sind die Verbesserungen der sanitären Einrichtungen in den Wohnungen sowie der Einsatz wasserverbrauchender Geräte in den Haushalten anzusehen. So läßt sich z. B. die Zunahme bei den Waschmaschinen sehr deutlich aus dem untenstehenden Diagramm erkennen.

Aber auch daran sollten wir denken: Der erhöhte Wasserverbrauch kann die Wohnung auch zusätzlich belasten und die Ursache von Feuchteschäden sein.

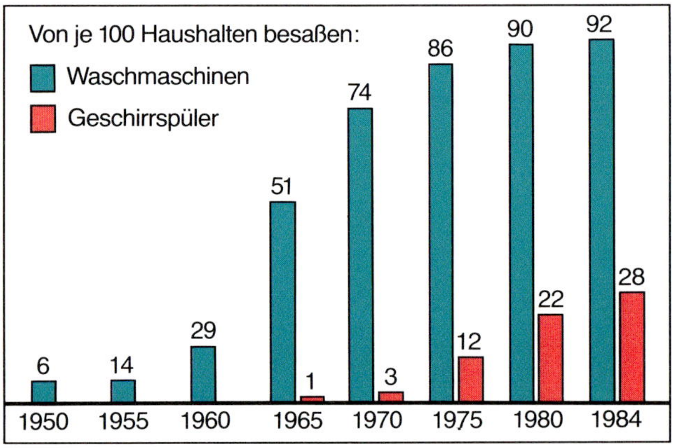

Waschmaschinen galten in den 50er Jahren noch als Luxus, während sie heute in den Haushalten selbstverständlich sind.

Geschirrspüler sind erst ab etwa 1965 aufgekommen. Heute ist damit bald jeder dritte Haushalt ausgestattet.

Einsparung von Energie

Die erste Energiekrise vor mehr als 10 Jahren hat uns alle aufgeschreckt. Es war die „Oktober-Revolution 1973". Es war aber auch der Start zu einem löblichen Tun, nämlich mit der Energie sparsamer umzugehen.

Auch wenn es zur Zeit noch keinen Energienotstand gibt, sollte sich jedermann bewußt sein, daß die fossilen Energieträger Erdöl, Erdgas und Kohle mengenmäßig und zeitlich nur begrenzt verfügbar sind. Auch sind die Zeiten der billigen Energien für eine überschaubare Zukunft vorbei. Darüber hinaus wird die Entwicklung und Einführung neuer Energietechniken noch etliche Jahre brauchen.

Die Konsequenz hieraus kann nur lauten: Wir müssen mit der Energie sehr sparsam umgehen, selbst wenn eine gewisse Bescheidung unseres Lebensstils damit verbunden ist.

Vorgeschlagen werden mitunter Energie-Sparmaßnahmen, die derzeit einen noch recht hohen Preis erfordern. Dabei sollte man aber bedenken, daß derartige Maßnahmen, die bei den heutigen Preisen noch nicht wirtschaftlich sind, in einigen Jahren sehr wirtschaftlich sein können.

Vorgeschriebener baulicher Wärmeschutz

Dem **Energieeinsparungsgesetz** haben im Bundestag Mitte 1979 alle Parteien zugestimmt. Einzelheiten zur Verbesserung des baulichen Wärmeschutzes sind in der **Wärmeschutzverordnung** geregelt.

Das Energieeinsparungsgesetz hat aber auch eine *menschenfreundliche Seite*. Die nach diesen Richtlinien ausgeführten Bauten erhöhen nämlich gleichzeitig auch die Behaglichkeit für ihre Bewohner und Benutzer.

Empfehlenswerte bauliche Energiesparmaßnahmen

Beim Energiesparen ist die Verbesserung des baulichen Wärmeschutzes eine sehr wirkungsvolle Maßnahme, zumal dabei sehr viel für die Vermeidung von Feuchteschäden getan wird. Wie die bisherigen Erfahrungen zeigen, erweist sich bei den Energiesparmaßnahmen für Gebäude die Wärmedämmung der Außenbauteile, in Verbindung mit Verbesserungen an der Heizungsanlage, als Spitzenreiter (Seite 22).

Die meisten der nach dem Kriege gebauten Wohnhäuser haben **Außenwände**, die den heutigen Bestimmungen bei weitem nicht mehr entsprechen. Für eine nachträgliche Verbesserung des Wärmeschutzes bei Außenwänden gibt es zahlreiche Möglichkeiten, die auch erprobt sind.

Das **Dach**, sowie die **Dachdecke** und die **Kellerdecke**, sind für die Verwirklichung von Dämm-Maßnahmen besonders geeignet. Hier gibt es Methoden, die recht preiswert sind und bei einiger Geschicklichkeit auch selbst ausgeführt werden können.

Wärme, die bekanntlich immer zur kalten Seite wandert, entweicht auch durch **Fußböden**, die auf Erdreich liegen, durch Decken über ungeheizten Räumen (z. B. Garagen, Durchfahrten), ebenso durch **Trennwände** zwischen einem beheizten und einem unbeheizten oder geringer beheizten Raum.

Die **Fenster** in den Außenwänden sind ausgesprochene *Wärmeverlustlöcher*, besonders, wenn sie nur einfach verglast sind und schlecht schließen. Aber auch die heute vorgeschriebenen dicht schließenden Fenster mit doppelter Verglasung haben einen Wärmedämmwert, der gegenüber dem einer gut gedämmten Außenwand lediglich etwa 20 Prozent ausmacht.

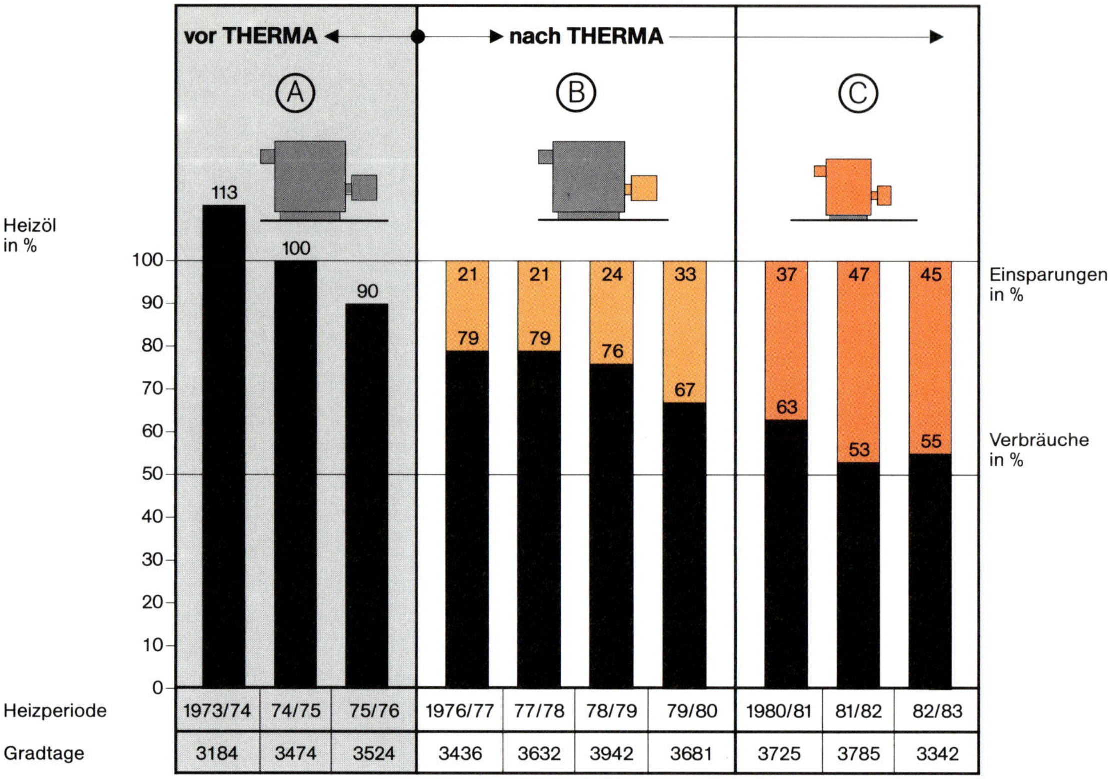

14 **Mehrjährige Messungen bestätigen die Wirksamkeit von sinnvoll ausgeführten Energie-Sparmaßnahmen**

Um verläßliche Angaben über die Möglichkeiten der Energieeinsparung bei bestehenden Gebäuden zu erhalten, hatte das Bundesbauministerium im Jahr 1974 den Wettbewerb THERMA ausgeschrieben. Am Beispiel des Objektes Frankfurt am Main ist der Energiespar-Erfolg anhand *gemessener Werte* klar zu erkennen.

Heizölverbrauch und -einsparungen sind unter Berücksichtigung der in der unteren Zeile angegebenen Gradtage für Frankfurt am Main in Prozent angegeben. Für die ölbefeuerte Warmwasser-Zentralheizung sind drei Zeiträume zu beachten.

A Die alte Heizungsanlage wurde Mitte der 60er Jahre installiert und erbrachte einen Gesamtwirkungsgrad von ca. 60 Prozent. Die Heizperiode 1974/75 wird als Bezugsbasis = 100 Prozent für die folgenden Heizölverbräuche angenommen.

B Während der Realisierung des THERMA-Wettbewerbs erhielten die Heizkessel neue Brenner.

C Im Jahr 1980 mußten die alten Heizkessel aufgrund ihres schlechten Zustandes ersetzt werden. Die neuen, auf den geringeren Wärmeverbrauch abgestimmten Heizkessel haben einen Gesamtwirkungsgrad von 75 Prozent.

Fazit: Eine wirkungsvolle Energieeinsparung ergibt sich meist erst durch die kombinierte Anwendung mehrerer Maßnahmen, so wie beim THERMA-Objekt Frankfurt am Main:
- Außendämmung der Fassaden,
- neue Fenster mit Isolierglas,
- eine auf den reduzierten Wärmebedarf abgestimmte Heizung.

Energiesparen bei der Heizung

und dabei Feuchteschäden vermeiden

Die heute weit überwiegenden Zentralheizungen sind zwar bequem zu bedienen, erfordern aber von Jahr zu Jahr höhere Heizkosten. Also muß bei den Heizkosten gespart, das heißt weniger Heizenergie verbraucht werden. Diese Einsparungen haben aber dort ihre Grenzen, wo es um die Gesundheit der Bewohner und den Bestand des Gebäudes geht. Und gerade bei der Vermeidung und Beseitigung von Feuchteschäden gehören richtiges Lüften und Heizen zusammen. Zum energiesparenden Heizen einige Regeln:

- Die Heizung niemals ganz abschalten. Das Heizkörperventil nur dann zudrehen, wenn ein Minimaldurchfluß von Heizwasser sichergestellt ist. Es kostet sehr viel Energie, kalte und feuchte Räume wieder aufzuheizen. Die Räume nur dann vollständig erwärmen, wenn sie genutzt werden.

- Bei Häusern mit einem erhöhten Wärmeschutz kann während der Nacht oder auch zu bestimmten Zeiten während des Tages die Heizung abgesenkt werden. Damit wird vor allem die Wärmespeicherfähigkeit der Raumumschließungen sinnvoll genutzt. Um Feuchteschäden zu vermeiden, sollte aber eine um die 17 °C liegende Mindesttemperatur gehalten werden.

- Bei einem guten Wärmeschutz des Gebäudes ist es möglich, die Raumlufttemperatur um 1 bis 2 °C zu verringern, ohne daß die Wohnbehaglichkeit darunter leidet. Eine um 1 °C geringere Raumtemperatur bedeutet eine Einsparung von 5 bis 6 Prozent Heizenergie.

- Dauerlüftungen nur, wenn diese gut dosiert ausführbar sind. Ansonsten auch an kalten Tagen kurz, aber kräftig lüften. Sauerstoffreiche Luft erwärmt sich schneller als verbrauchte.

- Die Heizung für die Nachtabsenkung rechtzeitig zurückdrehen, also nicht erst unmittelbar vor dem Schlafengehen, sondern etwa eine Stunde vor Beginn der Nachtruhe, denn die Temperatur sinkt langsam. Bei einem optimalen Wärmeschutz kann man sie ohne Bedenken sogar ganz abstellen.

- Türen zu weniger beheizten Räumen sind geschlossen zu halten; deren Temperierung ist Aufgabe des örtlichen Heizkörpers. Andernfalls dringt mit der aus dem Wohnbereich entnommenen wärmeren Luft zu viel Feuchtigkeit ein.

- Bei ungedämmten Brüstungen geht ein erheblicher Teil der vom Heizkörper in Richtung Außenwand abgestrahlten Wärme ungenutzt ins Freie und damit verloren. Deshalb die Heizkörperbrüstungen dämmen und die Dämmung möglichst mit einer Reflexionsfolie verkleiden.

- Bei Eintreten der Dunkelheit die Rolläden schließen. Falls vorhanden, Dämmelemente in die Fensternischen einstellen.

- Bei längerer Sonneneinstrahlung an der Südseite die Vorhänge aufziehen und die Heizung auf Minimaltemperaturen stellen.

- Offene Kamine zum Schornstein hin absperren (Schieber zu), wenn sie nicht benutzt werden. Andernfalls ergibt sich eine ungewollte natürliche Lüftung, bei der in der kalten Jahreszeit sehr viel Raumwärme abgeführt wird.

- Zu große Heizungskessel haben einen schlechten Wirkungsgrad, das heißt, sie nutzen das Heizöl nicht bestmöglich aus. Durch den Einbau eines auf den verringerten Wärmebedarf abgestimmten Heizkessels läßt sich sehr viel Heizöl einsparen. Denn keine noch so gute Wärmedämmung kann die Wärme zurückholen, die bereits vom Heizkessel zum Schornstein hinausgeheizt wurde!

15 Lange Vorhänge vor Heizkörpern verschlechtern die Wärmeabgabe in den Raum – ebenso die meisten Heizkörperverkleidungen.

16 Der Vorhang vor dem Fenster verbessert den Wärmeschutz, die Wärmeabgabe des Heizkörpers wird nicht behindert.

Energiesparen im Haushalt

Der Energieverbrauch im Sektor Haushalt verteilt sich auf viele Einzelanwendungen, so daß die Energieeinsparung auch nur in vielen Einzelschritten verwirklicht werden kann. Erst die Summe dieser Einzelmaßnahmen erbringt ein spürbares Ergebnis. Hierzu einige Hinweise:

- Energie läßt sich bereits mit Hilfe der Kleidung sparen. Durch das Anlegen wärmerer Unterwäsche oder leichter Wollpullover wird eine um 2 °C gesenkte Raumtemperatur als annähernd gleich empfunden.
- Warmwasserbereitungsgeräte sollte man regelmäßig kontrollieren und entkalken lassen. Schon 1 Millimeter Kalkbelag verursacht einen rund 10 Prozent höheren Energieverbrauch.
- Gegenüber den wärmeverbrauchenden Elektro-Großgeräten wird der Stromanteil für Licht meistens viel zu hoch bewertet. Der Anteil der Beleuchtung beträgt bei einem Vier-Personen-Haushalt aber nur 6 bis 8 Prozent am Gesamt-Strombedarf.

  Das ständige An- und Ausschalten von Beleuchtungen bringt deshalb nichts. Im Gegenteil, die Lebensdauer der Glühlampen wird bei jedem Schaltvorgang herabgesetzt, was sogar teurer ist. Deshalb Beleuchtungen mit Glühlampen erst bei einer Abwesenheit von mehr als zehn Minuten ausschalten. Leuchtstofflampen erst abschalten, wenn sie mindestens 15 Minuten nicht gebraucht werden.

17 **End-Energiebedarf im Sektor Haushalt und Kleinverbraucher**

in der Bundesrepublik Deutschland nach Energieträgern.

Quelle: HEA, Arbeitsgemeinschaft Energiebilanzen.

Außerdem: Aufteilung des Energieverbrauchs in einem durchschnittlichen Haushalt (unten)

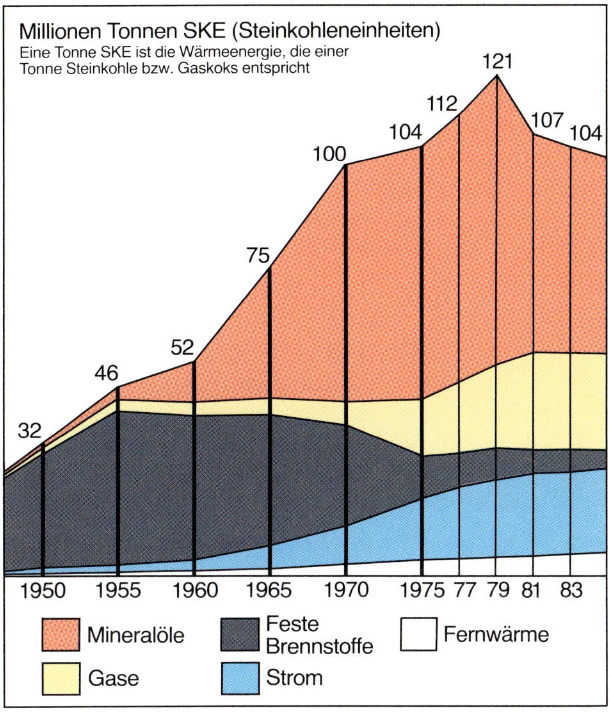

Der End-Energieverbrauch in diesem Sektor hat sich von 1950 bis 1979 fast vervierfacht: Von da ab ist er innerhalb von nur vier Jahren um etwa 15 Prozent zurückgegangen.

Der Anteil von Stein- und Braunkohle einschließlich Koks und Briketts betrug 1950 noch 90 Prozent; bis zum Jahr 1983 ist er auf rund 6 Prozent geschrumpft. Heizöl war um das Jahr 1950 noch unbedeutend; es ist dann bis 1975 auf einen Anteil von fast 60 Prozent angewachsen und auf etwa 48 Prozent im Jahre 1983 zurückgegangen.

Der Anteil der Gase – wobei heute das Erdgas überwiegt – hat sich von 1950 bis heute mehr als verfünffacht. Beim elektrischen Strom beträgt der Anstieg gegenüber 1950 mehr als das Sechsfache.

Teilt man den **Energieverbrauch im Haushalt** auf drei Gruppen auf (nebenstehendes Kreisdiagramm), dann ergeben sich die folgenden Relationen:

1 Etwa 78 Prozent entfallen auf die Raumheizung. Das sind rund 21 Prozent des gesamten End-Energiebedarfs in der Bundesrepublik Deutschland.
2 Etwa 12 Prozent werden für die Warmwasserversorgung aufgewendet.
3 Etwa 10 Prozent werden für Beleuchtung, Fernsehen, Radio und Hausgeräte benötigt, das sind nur 2,7 Prozent des gesamten End-Energiebedarfs der Bundesrepublik.

Ein weiterer Energie-Großverbraucher ist das Auto. Nimmt man den Gesamt-Endenergieverbrauch (einschließlich Auto) mit 100 Prozent an, dann ist das private Auto mit etwa 33 Prozent daran beteiligt.

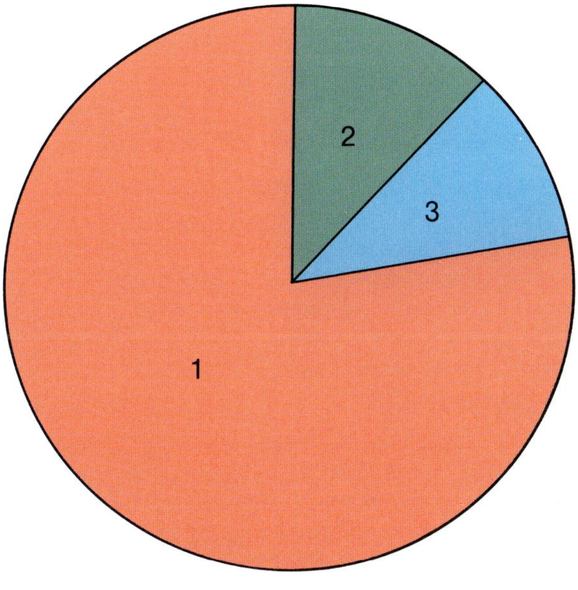

Baulicher Wärmeschutz

Wie bereits ausgeführt, versteht man unter baulichem Wärmeschutz alle Maßnahmen, die den Wärmeaustausch zwischen Räumen und der Außenwelt bzw. zwischen Räumen verschiedener Temperatur verringern.

In Gebäuden, die dem dauernden Aufenthalt von Menschen dienen, ist dieser Wärmeschutz wichtig für die Gesundheit der Bewohner. Außerdem werden die Bewirtschaftungskosten niedrig gehalten, nicht zuletzt durch die Möglichkeit, Energie zu sparen. Dazu kommt noch eine merkliche Herabsetzung der Instandhaltungskosten.

Fehlender, zu geringer oder falsch angeordneter Wärmeschutz führt zu Bauschäden und Wertminderung, die schwerwiegende Folgen haben können. Im Zusammenhang mit der Vermeidung von Feuchteschäden sollte ein richtig angewandter Wärmeschutz vor allem verhindern:

- Tauwasser auf der Innenseite der Außenbauteile, welches zu dunklen Streifen, Schimmelbildung und feuchten Räumen führen kann;
- Kondenswasserbildung im Bauteil, verbunden mit einer Durchfeuchtung und Zerstörung der Konstruktion.

Raumfeuchte und baulicher Wärmeschutz

Tauwasser auf Bauteiloberflächen ist sehr oft ein Zeichen zu geringer Wärmedämmung. Dies trifft besonders für Bauteile zu, die nur nach Mindestbedingungen ausgeführt sind. Der in der Wärmeschutzverordnung geforderte bessere bauliche Wärmeschutz kann deshalb niemals Feuchteschäden verursachen, im Gegenteil: Er vermindert sie.

Bei sehr hohen Luftfeuchten, besonders wenn sie länger einwirken, kann Tauwasser nicht mehr allein durch Wärmedämmung verhütet werden. Die hohe Luftfeuchte muß dann durch häufigen Luftwechsel herabgesetzt werden.

Fehlt ein ausreichender Wärmeschutz für die Außenbauteile, können Feuchteschäden nur durch Lüften bei gleichzeitigem Heizen vermieden werden. Wenn man nämlich zu wenig heizt und ungenügend lüftet, dann geht die Wärme im Raum verstärkt über die durchfeuchteten Außenbauteile verloren – und damit wird auch die vermeintliche Energieeinsparung aufgezehrt.

Ausgeglichene Raum- und Wandtemperaturen

Ob wir einen Raum als behaglich empfinden oder nicht, hängt sehr stark von der Oberflächentemperatur der den Raum umgebenden Bauteile ab. Und hier sind es neben den Fenstern überwiegend die Außenwände, die das menschliche Temperaturempfinden beeinflussen.

Betrachten wir hierzu in Tabelle 18 die drei Außenwände mit unterschiedlichem Wärmeschutz, alle bezogen auf eine Außentemperatur von −10 °C. Bei der Mindestwand mit einem k-Wert 1,39 beträgt die Innentemperatur etwa 14,5 °C. In der Nähe solcher Außenwände überträgt der menschliche Körper zu viel Wärme an die kalte Raumbegrenzung. Ebenso kühlt sich die Raumluft an der *Mindestwand* ab, sinkt nach unten und streift über den Fußboden in die wärmeren Bereiche. Diese Erscheinungen werden vom Menschen als *Zug* empfunden. Die noch stärkeren Abkühlungsflächen von einfach verglasten Fenstern sind besonders bedenklich.

Beim erhöhten Wärmeschutz ergeben sich etwa 17,5 °C Wandtemperatur und beim optimalen Wärmeschutz sogar 18,5 °C. Die höheren Temperaturen ermöglichen eine niedrigere – und auch gesündere – Raumlufttemperatur. Es ergibt sich der bereits beschriebene Spareffekt: Eine um 1 °C geringere Raumtemperatur bedeutet eine Einsparung an Heizenergie von 5 bis 6 Prozent.

Bauteil	Mindest-Wärmeschutz[1]		Erhöhter Wärmeschutz[1]		Optimaler Wärmeschutz[1]	
	k-Wert	Beispiel	k-Wert	Beispiel	k-Wert	Beispiel
Außenwände (ohne Fenster)	1,39	24 cm mittelschweres Mauerwerk	0,60	30 cm Leicht-Hochlochziegel 24 cm Gasbeton-Planblöcke 24 cm Bimsbeton-Vollblöcke	0,30	49 cm Gasbeton-Planblöcke 49 cm Bimsbeton-Vollblöcke 24-30 cm Mauerwerk +8-10 cm Dämmung
Fenster **Fenstertüren**	3,1 (5,2)	wärmegedämmtes Leichtmetallfenster mit Isolierglas (einfache Verglasung)	2,6	Holz- oder Kunststoff-Fenster mit zweifachem Isolierglas	1,4	Holz- oder Kunststoff-Fenster mit Wärmeschutz-Isolierglas
Dächer, Dachdecken über Aufenthaltsräumen	0,79	ca. 4 cm Dämmung[2]	0,45	ca. 8 cm Dämmung[2]	0,30	12-13 cm Dämmung[2]
Decken unter nicht ausgebauten Dachräumen	0,90	3,5 cm Dämmung auf Stahlbetondecke	0,45	8 cm Dämmung auf Stahlbetondecke	0,30	12 cm Dämmung auf Stahlbetondecke
Kellerdecken Decken über kalten Räumen	0,81	2,5 cm Dämmung unter der Massivdecke[3]	0,70	3,5 cm Dämmung unter der Massivdecke[3]	0,50	6 cm Dämmung unter der Massivdecke[3]
Decken über Durohfahrton[4] über unbeheizten Garagen	0,51	6 cm Dämmung untor dor Massivdecke[3]	0,45	8 cm Dämmung untor dor Massivdecke[3]	0,30	12 cm Dämmung untor dor Massivdecke[3]
Fußböden und Wände, die an Erdreich grenzen	0,93	3,5 cm Dämmung auf Schwerbeton	0,70	5 cm Dämmung auf Schwerbeton	0,55	7 cm Dämmung auf Schwerbeton
Innenwände gegen unbeheizte Räume	1,96	24 cm schweres oder 17,5 cm mittelschweres Mauerwerk	0,70	24 cm schweres Mauerwerk +3,5 cm Dämmung	0,55	24 cm schweres Mauerwerk + 5 cm Dämmung

18 **Anforderungen an den baulichen Wärmeschutz**

1) Nähere Erläuterung auf Seite 14.
Die angegebenen k-Werte in W/m²K.
Die genannten Beispiele lediglich zur Verdeutlichung. Es gibt jeweils eine Vielzahl von Ausführungsmöglichkeiten.

2) Bei massiven Dachdecken die Dämmung auf der Decke. Beim ausgebauten Dachgeschoß die Dämmung zwischen, über oder unter den Sparren.

3) Für diese Einstufung wird eine Massivdecke mit schwimmendem Estrich mit mindestens 10 mm Estrichdämmung angenommen.

4) Die k-Werte gelten grundsätzlich für alle Decken, die nach unten gegen die Außenluft grenzen, also auch für vorgebaute Baukörper.

Nachträgliche Außendämmung

Es ist sehr zu empfehlen, die Fassade eines nach Mindestbedingungen errichteten Gebäudes durch eine Außendämmung zu verbessern. Dabei ergeben sich einige Vorteile:

- Die Kosten für eine sonst fällige Erneuerung des Außenputzes oder einer Putzreparatur mit Neuanstrich können auf den Gestehungspreis für die Außendämmung angerechnet werden.
- Angerechnet werden können auch die Kosten für etliche Einzelmaßnahmen in den Räumen des Hauses, die sonst fällig würden.
- Die Entstehung neuer Schäden auf der Fassade, z. B. infolge temperaturbedingter Spannungen, wird vermieden.
- Die Wohnbehaglichkeit in den Räumen hinter der verbesserten Fassade wird spürbar angehoben.

Wegen der Beseitigung von Baumängeln sollte die Dicke der Dämmschicht mindestens 5 cm betragen. Aus Gründen der Energieeinsparung sind selbstverständlich größere Dicken vorteilhaft.

Bei dem in Bild 19 gezeigten System wird abschließend ein mineralischer Edelkratzputz aufgebracht. Mineralische Edelputze werden seit 100 Jahren mit Erfolg eingesetzt und haben sich auch bewährt. Über den Einsatz von mineralischem Kratzputz auf Polystyrol-Hartschaumplatten liegen Erfahrungen von über 20 Jahren vor. Dieser Oberputz vereinigt eine angemessene Härte mit einer guten Elastizität, hat eine lange Lebensdauer, eine gute Widerstandsfähigkeit gegen mechanische Belastung und zeigt infolge des Selbstreinigungseffekts eine geringere Verschmutzungsneigung.

19 **Nachträglich aufgebrachte einschalige Außendämmung**
6 Fotos: Vereinigte Steinwerke, Essen-Kupferdreh

1 Das ziemlich heruntergekommene Wohnhaus vor der Sanierung.

2 Die Dämmplatten werden auf dem vorbereiteten Untergrund angesetzt.

3 Darauf wird in zwei Lagen der Grundputz aufgetragen, in den ein hochreißfestes Glasseidengewebe eingebettet ist.

5 Die schon etwas abgebundene Putzschicht wird abschließend *gekratzt*, wobei die Oberfläche ihre endgültige Struktur erhält.

4 Als letzte Schicht wird der vorgefertigte Edelkratzputz angeworfen und geglättet.

6 Das fertige nachträglich gedämmte Haus erstrahlt im neuen Glanz.

Kellerdecken

In Wohngebäuden, die bis etwa 1975 errichtet wurden, sind die Kellerdecken im allgemeinen nicht anders beschaffen wie die Geschoßdecken, also mit einem völlig ungenügenden Wärmeschutz. Eine wirksame und auch recht preisgünstige Verbesserung erreicht man durch nachträglich an der Unterseite der Kellerdecke angebrachte Dämmplatten. Hierzu werden 4 bis 6 cm dicke Hartschaumplatten im Format 50 x 50 cm angeboten, die mit einem geeigneten Baukleber direkt an der Decke angebracht werden können. Bei unebenen Deckenuntersichten empfehlen sich an die Decke geschraubte Kanthölzer oder Doppellatten als Montagehilfen. Die Dämmplatten, die dann auch 100 cm lang sein können, werden dazwischen eingedrückt und gegen Herabfallen gesichert (Bild 20).

20 **Dämmen der Kellerdecke in Eigenhilfe**
Foto: Industrieverband Hartschaum, Heidelberg

Decken über Durchfahrten und Garagen

Decken, die Aufenthaltsräume nach unten gegen die Außenluft abgrenzen – wie es offiziell heißt – gehören zu den stärksten Abkühlungsflächen eines Gebäudes. Zu diesen exponierten Bauteilen zählen auch die Unterseiten von auskragenden Gebäudeteilen. Der geforderte Mindest-Wärmeschutz mit einem k-Wert 0,51 gilt praktisch für alle nach dem Krieg errichteten Gebäude. Aber wie so oft – diese Forderungen wurden nicht immer eingehalten. Außerdem können beim Neubau ausreichend ausgeführte Maßnahmen im Lauf der Zeit ihre Dämmwirkung mehr oder minder verloren haben. Es empfiehlt sich deshalb, die Dämmung nachzuprüfen und durch Einbau einer zusätzlichen Dämmschicht zu verbessern. Der k-Wert nach der Verbesserung sollte möglichst 0,30 W/m^2K betragen, um ausreichende Fußbodentemperaturen für die darüberliegenden Räume sicherzustellen.

Steildächer

Das Steildach hat sich in unseren regenreichen Gebieten seit Jahrhunderten bewährt. Nachdem die Flachdacheuphorie abgeklungen ist, steht das Steildach beim Wohnungsbau heute wieder im Vordergrund.

Der Wärmeschutz beim Steildach kann grundsätzlich auf zwei Arten erfüllt werden:

- Dämmung der Dachschrägen, sofern der Dachraum sofort oder später ausgebaut wird.
- Dämmung der obersten Geschoßdecke beim nicht ausgebauten Dachgeschoß. Der nicht ausgebaute Dachraum erfüllt die Funktion eines thermischen Puffers zwischen den beheizten Räumen im obersten Geschoß und dem Außenklima.

Decken unter nicht ausgebautem Dachgeschoß

Der geforderte Mindest-Wärmeschutz, wozu 3,5 cm dicke Dämmplatten genügen, ist völlig unzureichend. Wenn dazu die Möglichkeit besteht, ist es in der Ausführung am günstigsten, die zusätzliche Dämmschicht auf der Oberseite der Decke aufzulegen, also auf den Fußboden des Dachgeschosses (Bild 22). Massivdecken bleiben dann als wertvolle Wärmespeicher für die darunterliegenden Räume erhalten; Tauwasserniederschlag in der Deckenkonstruktion wird vermieden. Außerdem dürfte dies auch die preisgünstigste Methode sein, einen zusätzlichen Wärmeschutz zu schaffen. Wird der Dachraum voll genutzt, z. B. als Abstell- oder Trockenspeicher, so ist eine vollständige Abdeckung der Dämmplatten zweckmäßig. Für eine gelegentliche Begehung als Zugang zu Dachluken, Schornsteinen usw. genügt es, Laufbohlen auf die Dämmschicht zu legen.

21 **Dämmen des geneigten Daches zwischen den Sparren**
Foto: Industrieverband Hartschaum, Heidelberg

22 **Dämmen der obersten Geschoßdecke – ein Kinderspiel**
Foto: Industrieverband Hartschaum, Heidelberg

Geschoßdecken

Die Ansprüche an den Wärmeschutz der Geschoßdecken sind sehr niedrig gehalten. Um diese geringen Forderungen zu erfüllen, genügen Dämmschichten von etwa 12 mm Dicke. Bei schwimmenden Estrichen ist dies die Dämmstoff-Unterlage.

Werden die Räume ober- und unterhalb einer Geschoßdecke aber unterschiedlich beheizt, dann kann es zu einem merklichen Wärmeabfluß von der warmen zur kalten Wohnung kommen. Steht im kalten Winter eine unbeheizte Wohnung auch noch längere Zeit leer, dann geht von der warmen Nachbarwohnung viel Energie verloren. Daraus erkennt man, daß mitunter auch Dämm-Maßnahmen innerhalb eines Gebäudes sinnvoll sein können.

Wärmespeicherung

Unter Wärmespeicherung mit baulichen Mitteln versteht man die Aufnahme von Wärmeenergie in einen Körper (Wand, Decke, Fußboden), wo die Wärme gespeichert und je nach Umgebungstemperatur mehr oder weniger langsam wieder in den Raum abgegeben wird. Dieser Wärmespeicher muß nicht erst angeschafft werden, er ist in Form der raumumschließenden Bauteile – sofern sie nicht mit Dämm-Material abgedeckt sind – in jeder Wohnung vorhanden.

Der Wärmespeicherung, nämlich die Aufnahme von Wärmeenergie, ohne sie zu verbrauchen, wurde bisher im Wohnungsbau viel zu wenig Aufmerksamkeit gewidmet. Allgemein bekannt ist die Wärmespeicherung beim Kachelofen. Die darin erzeugte Wärme wird von dem umschließenden Kachelmantel aufgenommen, darin gespeichert und langsam an den Raum abgegeben, selbst wenn das Feuer schon längst verloschen ist.

Die Wärmespeicherung von Bauteilen ist eine Eigenschaft, deren Vorteile das ganze Jahr über genutzt werden können.

Im **Winter** werden bei Beginn der Beheizung die abgekühlten, speicherfähigen Raumumfassungen so lange aufgeladen, bis sie keine weitere Wärme mehr aufnehmen können. Die gespeicherte Wärme wird dann teilweise während der Nachtzeit, oder nach Absenkung bzw. Abschaltung der Heizung, langsam an den Raum zurückgegeben.

Im **Sommer** wird die tagsüber gespeicherte Wärme während der Nachtkühle an den Raum abgegeben und bei einer guten Durchlüftung aus dem Raum entfernt. Die speicherfähigen Bauteile sind dann für die Sonnenhitze des nächsten Tages wieder aufnahmefähig.

Trotz all dieser Vorzüge kann die Wärmespeicherung niemals die Wärmedämmung ersetzen. Werden diese beiden bauphysikalischen Vorgänge aber richtig angewandt, können sie sich vorzüglich ergänzen.

Zur weiteren Verdeutlichung: Auch in der Natur hat die Wärmespeicherung ihre Bedeutung:

- Vom Wasser der Flüsse und Seen wird tagsüber sehr viel Wärme aufgenommen und in der Nacht wieder klimaausgleichend abgegeben.
- Der Wein, der viel Wärme braucht, gedeiht in seinen nördlichen Anbaugebieten besonders in den Flußtälern (Rhein, Mosel, Ahr). Aber auch der Boden, auf dem die Reben gepflanzt sind, speichert Wärme und gibt sie in der Nacht wieder ab, um so mehr, je steiniger der Boden ist.

Trennwände in der Wohnung

Bei Trennwänden zwischen unterschiedlich beheizten Räumen entstehen Wärmeverluste. Im Hinblick auf den Energieverbrauch wurde dieser Tatsache bisher viel zu wenig Beachtung geschenkt. Man hat vielmehr diese verlorengehende Heizwärme als zu unbedeutend angesehen.

Liegt z. B. ein Schlafraum mit nur 16 °C Raumtemperatur neben einem Wohnraum mit einer Raumtemperatur von durchschnittlich 22 °C, dann erfolgt ein Wärmestrom durch die dünne ungedämmte Trennwand zum Schlafraum hin, verbunden mit einem spürbaren Wärmeverlust. Will man nämlich die Schlafraumtemperatur von 16 °C halten – aus welchen Gründen auch immer – wird diese zuströmende Wärme meist über die Fensterlüftung abgeführt. Um dies zu vermeiden, wäre es vorteilhaft, die Trennwand zum Wohnzimmer geringfügig zu dämmen, z. B. mit einer zweckmäßig auf beiden Seiten angebrachten Dämmtapete aus extrudiertem Polystyrol-Hartschaum. Der Schlafraum ist dann direkt nach Wunsch oder Notwendigkeit zu beheizen.

An jährlichen Heizkosten fallen für eine etwa 10 Quadratmeter große ungedämmte Wand etwa 27 DM, für die gedämmte Wand etwa 16 DM an. Die jährliche Ersparnis mit ca. 11 DM entspricht rund 14 Liter Heizöl. Bei elektrischer Energie sind dies 140 kWh. Mit dieser Energie könnte eine 100-Watt-Lampe 1400 Stunden fortlaufend brennen, also ununterbrochen über zwei Monate lang. Bei einer 40-Watt-Lampe sind dies 3500 Stunden, also fünf Monate lang.

Zur Verdeutlichung wird für die in Bild 23 gezeigte Trennwand eine Wärmeverlustberechnung durchgeführt.

Die 11,5 cm dicke Wand aus Bimssteinen ist beidseitig verputzt und hat einen k-Wert = 1,96. Die gleiche Wand auf beiden Seiten mit einer 6 mm dicken Depron-Dämmtapete verkleidet, hat einen k-Wert = 1,18.

Der stündliche Wärmeverlust für eine 10 m^2 große Wand (4 x 2,50 m) beträgt bei der einfachen Wand = 118 Watt (100 %), bei der Wand mit 2 x 6 mm Dämmung = 71 Watt (60 %).

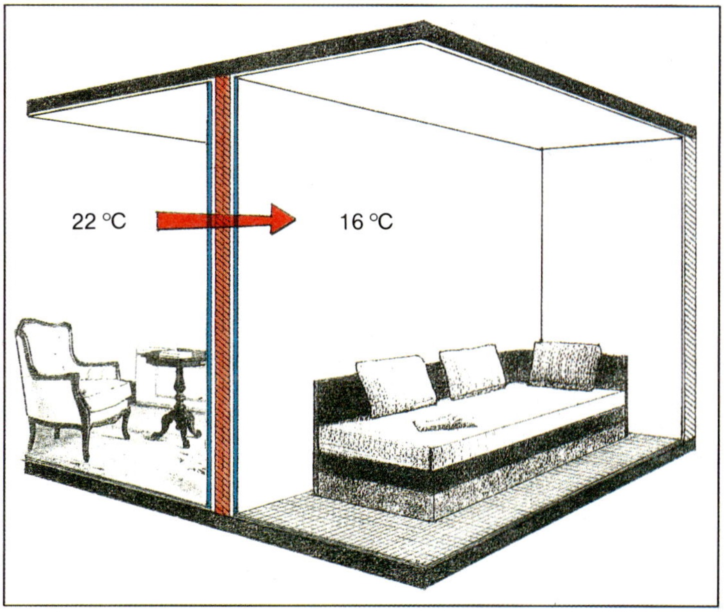

23 **Trennwand zwischen einem wärmeren Wohnraum und einem kühleren Schlafraum**

Fenster

Unsere heutigen Fenster werden gelobt und getadelt zugleich. Gelobt, weil man mit ihnen sehr viel Energie sparen kann. Getadelt, weil sie angeblich die Verursacher von Feuchteschäden sind. In den folgenden Ausführungen soll gezeigt werden, wie es um das Fenster wirklich bestellt ist.

Fenster und Wärmeschutz

Bei den meisten Bauteilen ist der k-Wert der alleinige konstruktionsbedingte Maßstab für die Berechnung der winterlichen Wärmeverluste. Bei zu öffnenden Fenstern kommt zum k-Wert jedoch noch der Wärmeverlust über die Fugen hinzu (a-Wert).

Der **Transmissionswärmeverlust** ist die Wärmemenge, die über die Fläche des Fensters (Glas und Rahmen) nach draußen abgegeben wird. Für die Berechnung gilt der k-Wert.

Je kleiner der k-Wert, um so weniger Wärme geht verloren.

Der **Lüftungswärmeverlust** erfordert einen weiteren Energiebedarf, um die durch die Fugen von außen eindringende Kaltluft auf die entsprechende Raumtemperatur zu erwärmen. Als Kennzeichen für die Fugendurchlässigkeit gilt der a-Wert. Er besagt, wieviel Kubikmeter Luft in einer Stunde durch einen Meter Fensterfugen hindurchgeht.

Je kleiner der a-Wert, desto geringer der Wärmeverlust.

Die Fugendurchlässigkeit – und somit der a-Wert – ist weitgehend von der Rahmensteifigkeit sowie vom Einbau zusätzlicher Dichtungen abhängig. Die Fugendurchlässigkeit beeinflußt auch in starkem Maß die Luftschalldämmung des Fensters. Je größer der a-Wert, also je undichter das Fenster ist, um so mehr Schall wird hereingelassen.
Nach den heutigen Forderungen darf der a-Wert höchstens 2,0 betragen. Bei Gebäuden in windstarker Gegend und bei Gebäuden mit mehr als zwei Vollgeschossen muß er sogar kleiner als 1,0 sein.

Zur Einstufung der a-Werte die folgenden Hinweise:
- a-Werte unter 1,0 gibt es nur bei Fenstern mit guten Dichtungen.
- a-Werte von 1,5 bis 2,0 ergeben sich bei Fenstern mit Dichtungen oder bei einwandfrei gefertigten Fenstern ohne Dichtung.
- a-Werte von 2,0 bis 3,0 sind bei älteren und schon etwas abgenutzten, aber sonst noch intakten Fenstern anzutreffen.
- a-Werte von 3,0 bis 4,0 haben verzogene Fenster mit gelockerten Beschlägen, besonders wenn die Flügel nicht mehr kräftig genug angepreßt werden.
- a-Werte um 5,0 und darüber sind bei sehr schlecht schließenden Fenstern festzustellen.

Alte und neue Fenster im Vergleich

Vor dem letzten Krieg wurden die Fenster nach den damals gültigen Normen und dem Kenntnisstand ihrer Hersteller ausgeführt. Dies gilt auch noch für die Zeit gleich nach dem Krieg bis in die frühen 60er Jahre hinein. Fenster aus diesen Perioden sind heute noch in vielen Altbauten anzutreffen.

Inzwischen hat es auf dem Fenstersektor erhebliche – man könnte fast sagen revolutionäre – Verbesserungen gegeben.

Die Unterschiede zwischen alten und neuen Fenstern sind in den Übersichten auf Seite 36/37 anschaulich dargestellt.

Die neuen Fenster werden überwiegend als Einfachfenster mit Isolierverglasung ausgeführt. Der Begriff *Einfachfenster* darf aber keinesfalls mit dem Begriff *Einfachverglasung* durcheinandergebracht werden. *Einfach* bedeutet hier, daß es sich um kompakte Rahmen der Fensterflügel handelt. Dagegen bestehen die Verbundfenster aus zwei hintereinanderliegenden Flügeln, die durch Spezialbeschläge miteinander verbunden sind.

Außentemperatur −10 °C Raumlufttemperatur +20 °C Weitere Verglasungen siehe Tabelle 7, Seite 54	**A** Früher üblicher Bauzustand 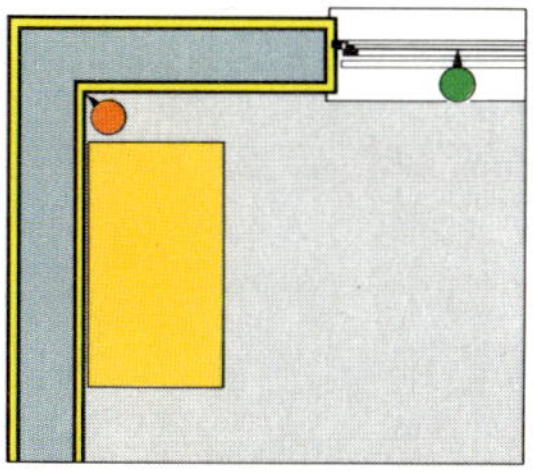	**B** Altbau mit neuen Fenstern 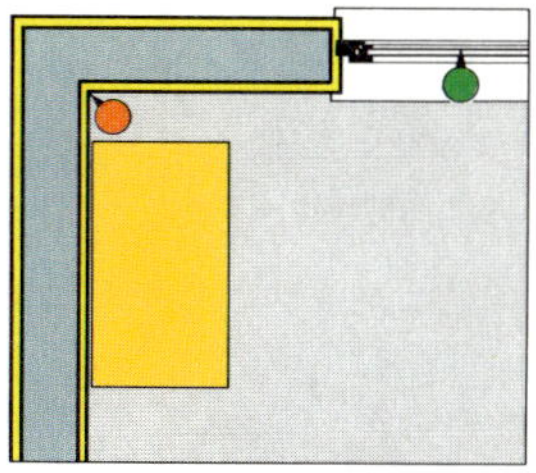	**C** Neubau und gedämmter Altbau 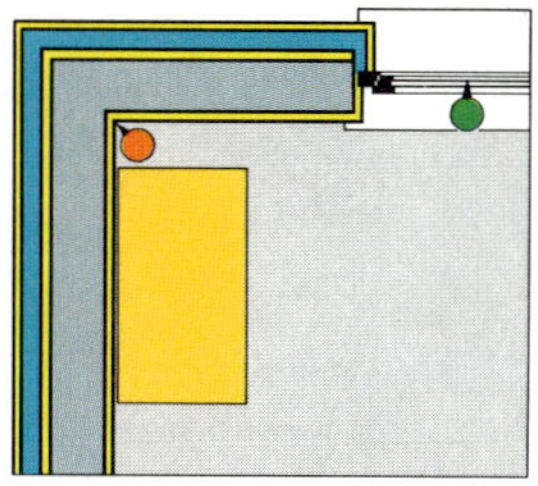
Außenwand	Mindestwand k-Wert 1,4	Mindestwand k-Wert 1,4	gedämmte Wand k-Wert 0,5
Fenster	mit Einfachglas k-Wert 5,2	mit Isolierglas k-Wert 2,4	mit Isolierglas k-Wert 2,4
Tauwasseranfall ● in der Raumecke ● an der Fensterscheibe	bei relativer Luftfeuchte ● ab 43 % ● ab 21 %	bei relativer Luftfeuchte ● ab 43 % ● ab 47 %	bei relativer Luftfeuchte ● ab 65 % ● ab 47 %

24 **Zusammenwirken von Fenster und Außenwand**

Die massive Außenwand und die darin enthaltenen Fenster sind gewissermaßen Partner. Und Partner sollen zusammen harmonieren. Geschieht dies nicht, dann liegt ein gestörtes Verhältnis vor. Der Dumme dabei ist aber nicht so sehr die Wand oder das Fenster, sondern vielmehr der hinter einer solchen Fassade lebende Bewohner.

Zur Verdeutlichung dieser Partnerschaft werden in Bild 24 die Praxisfälle **A**, **B** und **C** vorgestellt.

Fall A

Die Dämmwerte von Wand und Fenster sind minimal. Nach heutigen Maßstäben müssen sie sogar als ungenügend bezeichnet werden.
Aber gleich und gleich gesellt sich gern – sie harmonieren miteinander. Entscheidend ist, daß hinsichtlich der Tauwasserbildung das Fenster immer zuerst beschlägt, bevor in der Raumecke Durchfeuchtungen auftreten.

Fall B

Um Energie zu sparen, werden in den Altbauten neue, dichte und gut wärmegedämmte Fenster eingebaut. Die Außenwand wird aber in ihrem bisherigen Mindestzustand belassen.
Das neue Fenster hat nunmehr in der wärmetechnisch ungenügenden Außenwand einen schlechten Partner. Kommt es im Raum zu Tauwasserbildung, dann wird zuerst die Ecke befallen und die Scheiben am Fenster bleiben trokken. Das Fenster hat seine frühere *Signalfunktion* verloren, denn die beginnende Durchfeuchtung in der Ecke sieht man zunächst nicht.

Fall C

Die frühere Harmonie (Fall A) ist wieder hergestellt. Gut wärmegedämmte Fenster in einer ebenfalls sehr gut wärmegedämmten Außenwand.
Das Fenster wird wieder zum schwächsten Glied, an dem sich zuerst Tauwasser niederschlägt.
Hier handelt es sich sogar um eine vorbildliche Partnerschaft von Wand und Fenster. In einer einigermaßen gut gewarteten Wohnung dürfte die relative Luftfeuchte kaum oder nur kurzzeitig mehr als 65 Prozent betragen.

25 Alte Fenster

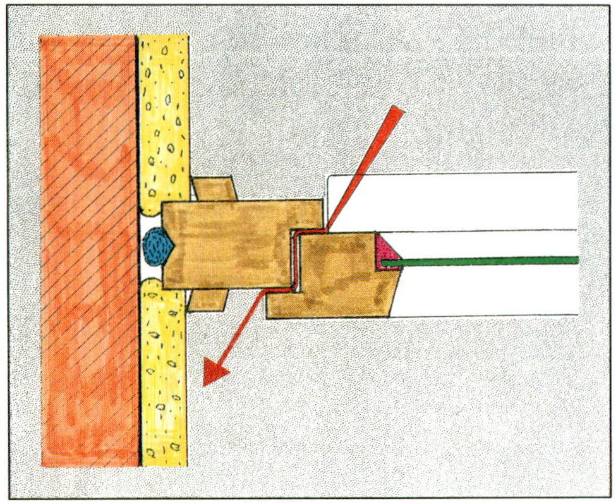

1 Holzfenster in normaler Größe wurden nach der damaligen Norm in 36 mm Dicke, mitunter auch in 40 und 45 mm Dicke gefertigt. Balkontüren waren um die 50 mm dick. Vereinzelt gab es einstückige Aluminiumrahmen. Stahlfenster waren im Industriebau üblich.

2 Die Falze waren durchweg ohne elastische Dichtungen: bei 36 mm Holzdicke einfache Falze, ab 45 mm Dicke auch Doppelfalze. Der Fugendurchlaßkoeffizient (a-Wert) betrug 2,0 bis 4,0. Untere Regenschutzschienen waren selten. Auch waren die alten Fenster nur bedingt schlagregendicht.

3 Die Fensterbeschläge waren recht einfach. Bei normalgroßen Drehflügeln gab es nur zwei Verriegelungsstellen mit dem Rahmen. Bei erhöhtem Winddruck vergrößerte sich deshalb die Fugendurchlässigkeit. Zusätzliche Beschläge für Spaltlüftungen und die Offenhaltung des Flügels waren notwendig.

4 Die Einfachverglasungen waren im äußeren Kittfalz eingesetzt; sie wurden durch Leinölkitt gehalten, der häufig überstrichen werden mußte. Ausgeführt wurden auch äußere oder innere Glashalteleisten.

5 Die Fertigung der Fenster erfolgte nach gültigen Normen und Handwerkerregeln. Die Qualität war von der Zuverlässigkeit des Fertigungsbetriebes abhängig.

6 Blendrahmenfenster mit Maueranschlag wurden meist mit Einschlagkolben gehalten. In den Zwischenraum zur Fensterlaibung wurde ein ringsum laufender Teerstrick eingebracht, der aber oft den Zwischenraum nicht ausfüllte. Putzabschluß mit Deckleisten, plastischem Kitt oder Haarkalkmörtel war in den Zeichnungen zwar vorgeschrieben, wurde aber meist nicht ausgeführt.

7 Die inneren Fensterbänke mit Schwitzwasserrillen waren aus Holz oder Marmor.

8 Überwiegend wurden einfach verglaste Fenster mit einem k-Wert = 5,2 gefertigt. Lediglich in rauhen Klimagegenden gab es auch Verbund- und Kastenfenster mit zweifacher Verglasung und einem k-Wert um 2,5.

9 Bei Fenstern mit Einfachverglasung und einem a-Wert um 3,0 ergab sich ein Schalldämm-Maß von etwa 24 dB, was ein sehr geringer Schallschutz ist. Verbundfenster bringen es auf etwa 35 dB, Kastenfenster auf etwa 40 dB.

10 Der Luftaustausch erfolgte unkontrolliert über die Fensterfugen. In der kalten Jahreszeit strömte meist zu viel Kaltluft herein.

Hinweis: In der Numerierung stimmen die sachlichen Aussagen für die alten und die neuen Fenster überein.

26 Neue Fenster

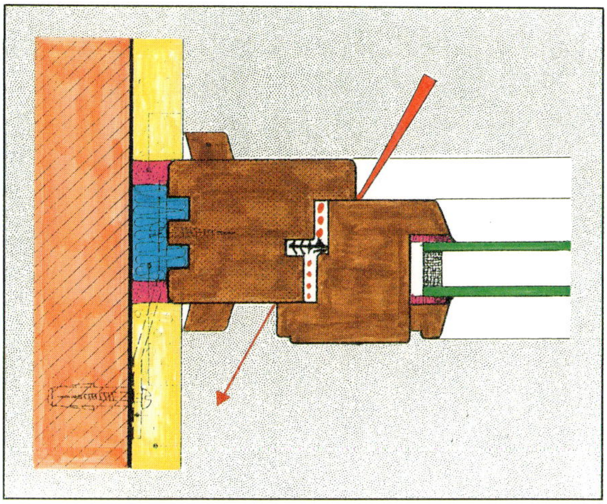

1 Ausbildung der Fenster entsprechend ihrer Größe und der zu erwartenden Windbelastung.

Beim Holzfenster sind die Rahmen für normalgroße Fenster 56 mm dick. Größere und stärker beanspruchte Fenster und Fenstertüren werden in 68, 78 und 96 mm Dicke ausgeführt, in 38 mm Dicke nur noch bei Verbundfenstern. Für Kunststoff-Fenster sind die Fertigungsbedingungen ähnlich. Aluminiumfenster gibt es nur noch mit wärmegedämmten Verbundprofilen.

2 Vorgeschrieben sind Falze mit umlaufenden elastischen und auswechselbaren Dichtungen. Der Fugendurchlaßkoeffizient (a-Wert) beträgt maximal 2,0, überwiegend aber 1,0 und darunter. Die geschlossenen Fenster sind schlagregendicht.

3 Umlaufende Zentralverschlüsse mit mehreren Verriegelungsstellen sorgen für eine dichte Anpressung der Flügel. Beim Drehkippfenster gibt es *Einhandbeschläge* zum Einstellen aller Öffnungsarten über den Fenstergriff.

4 Die Fugen für die eingebaute Verglasung sind absolut dicht. Ausgeführt werden vollsatte Falzausbildungen mit elastischen Dichtstoffen oder auch dichtstoffreie Falzausbildungen.

5 Fenster mit Gütezeichen garantieren einen hohen Qualitätsstand. Die Hersteller, die ein Gütezeichen benutzen dürfen, werden laufend durch neutrale Institute überwacht.

6 Die Blendrahmen werden mit mehreren Bankeisen dauerhaft befestigt. Die Anschlußfuge wird auf die volle Tiefe des Blendrahmens mit Glaswolle ausgestopft.

7 Die inneren Fensterbänke bestehen aus Holzwerkstoffen, Kunststein, Marmor oder Kunststoff und sind durchweg ohne Schwitzwasserrillen.

8 Vorgeschrieben ist Doppel- oder Isolierverglasung. Als Mindestausführung wird ein k-Wert = 3,1 verlangt. Bei Holz- und Kunststoff-Fenstern mit normalem Isolierglas beträgt der k-Wert = 2,6. Mit Wärmeschutz-Isolierglas ergibt sich ein k-Wert = 1,4.

9 Fenster mit Isolierglas und Dichtungseinlagen haben ein Schalldämm-Maß von etwa 32 dB, mit Lärmschutz-Isolierglas von 44 dB. Spezielle Schallschutzfenster bringen es bis zu 55 dB, was dem Schallschutzwert einer schweren Außenwand entspricht.

10 Aus Gründen der Energieeinsparung sind die Fensterfugen dicht. Die Belüftung muß nunmehr bewußt vorgenommen werden.

Verbesserung vorhandener Fenster

Fenster mit Einfachglas sind besonders intensive Wärmeverlustlöcher. Sind keine Fensterläden vorhanden, dann findet der enorme Wärmeentzug auch am Abend statt.

Zur Verbesserung des Wärmeschutzes bei vorhandenen Fenstern gibt es einige Möglichkeiten. Man sollte sie jedoch nur als guten Behelf ansehen, denn die Qualität der heutigen Normfenster läßt sich damit nie erreichen.

Vor der Ausführung von Dämm- und Dichtungsarbeiten am Fenster ist unbedingt zu klären, ob der jeweilige Raum danach noch eine ausreichende Frischluftversorgung erhält. Erforderlichenfalls muß dann die Luftversorgung anderweitig gesichert werden.

(Bild 28) Die sorgfältige **Abdichtung** des vorhandenen alten Fensters ist grundsätzlich die erste und wichtigste Maßnahme:

- Offenzellige Abdichtungsbänder sind sehr anpassungsfähig und eignen sich für Spalten, die in ihrer Dicke stark variieren. Sie verlieren jedoch im Lauf der Zeit ihre abdichtende Eigenschaft.
- Geschlossenzellige Abdichtungsbänder lassen sich schwerer zusammenpressen als die offenzelligen Bänder. Dafür haben sie aber eine längere Lebensdauer.

(Bild 29) Durch Bespannung des alten Fensters mit einer klardurchsichtigen **Kunststoff-Folie** kann der k-Wert des vorhandenen Fensters mit Einfachverglasung um etwa 40 Prozent verbessert werden. Dabei ist es nicht die Folie selbst, sondern die Schaffung einer ruhenden Luftschicht von 2 bis 3 cm Dicke, die den Wärmedämmwert erhöht. Eine direkt auf die Glasscheibe aufgeklebte Folie bringt nämlich keine Verbesserung des Wärmeschutzes. Wegen ihres außerordentlich niedrigen Gewichts haben Folien den Vorteil, daß sie auch auf alten Fenstern geringer Güte aufgebracht werden können.

Stabiler sind **Vorsatzflügel** aus unzerbrechlichem Plexiglas. Sofern der Fensterrahmen noch in Ordnung ist, kann man auch die vorhandene Einfachverglasung ausbauen und durch **Isolierglas** ersetzen.

(Bild 30) Besonders wirksam sind **Dämmelemente**, die während der Dunkelheit auf der Raumseite vor dem Fenster angebracht werden. Sie sind auch sehr gut geeignet, um bei neuen Fenstern die Wärmeverluste während der Dunkelheit weiterhin herabzusetzen. Derartige Dämmelemente haben eine doppelte Wirkung:

- Sie erhöhen den Wärmeschutz aufgrund des Eigendämmwertes.
- Sie schaffen einen beruhigten Luftraum zwischen Fenster und Dämmelement.

Rolläden

Durch Rolläden vor Fenstern oder Außentüren kann der Wärmeverlust erheblich eingeschränkt werden. Voraussetzung ist, daß der Rolladen einwandfrei eingebaut ist und in herabgelassenem Zustand auch dicht schließt. Dabei ist es besonders die ruhende Luft hinter dem herabgelassenen Rolladen, die den Wärmeverlust verringert.

Beim **Rolladenkasten** (Bild 27) muß der Hohlraum für den aufgewickelten Rolladen zur Außenluft gerechnet werden, auch wenn sich angenäherte Außentemperaturen nur bei kalten und länger andauernden Wintertagen einstellen. Bei starkem Windanfall kann kalte Luft durch undichte Fugen am abnehmbaren Deckel hereinströmen, ja sogar durch die kleine Öffnung für den Gurtauslaß. Um dies zu vermeiden, sollte man den Deckel abdichten. Für Gurtauslässe gibt es Dichtungsbürsten, die auch nachträglich aufgeschraubt werden können.

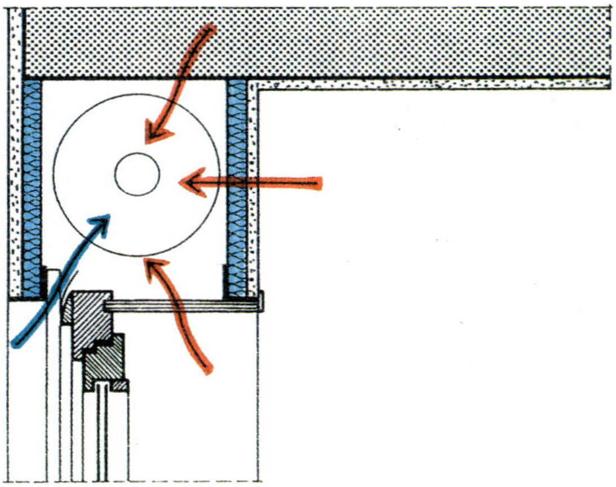

1 Ungenügende Ausführung! Bei dem mit Hilfe von normalen Leichtbauplatten am Bau hergestellten Rolladenkasten ergeben sich im Winter hohe Wärmeverluste. Außerdem besteht die Gefahr der Tauwasserbildung auf der Raumseite der inneren senkrechten Blende.

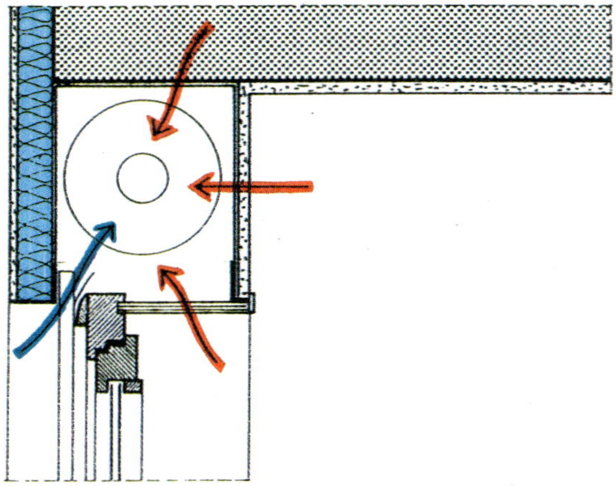

2 Die durchgezogene Außendämmung ist zwar eine baupraktische Lösung, erbringt aber nicht die wärmetechnisch erhofften Vorteile. Bei Stahlblechkästen kann es im Innenraum zu Tauwasserbildung kommen. Weitere Dämm-Maßnahmen sind erforderlich.

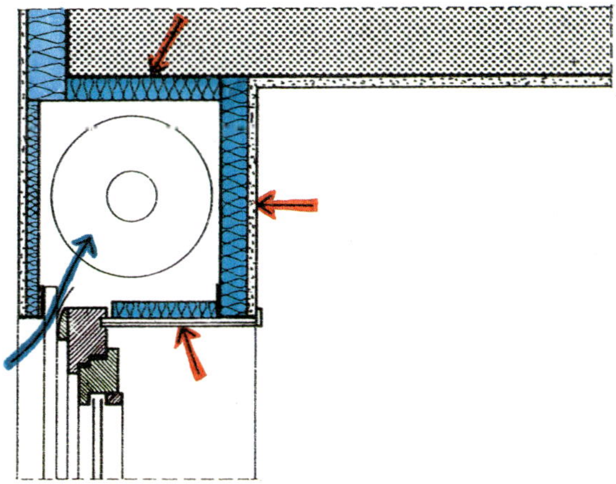

3 Ein am Bau hergestellter Rolladenkasten mit ausreichendem Wärmeschutz. Mindestdicke der Hartschaum-Dämmplatten: Kastenoberseite 20 mm, innere senkrechte Blende 30 mm, auf dem Deckel 20 mm.

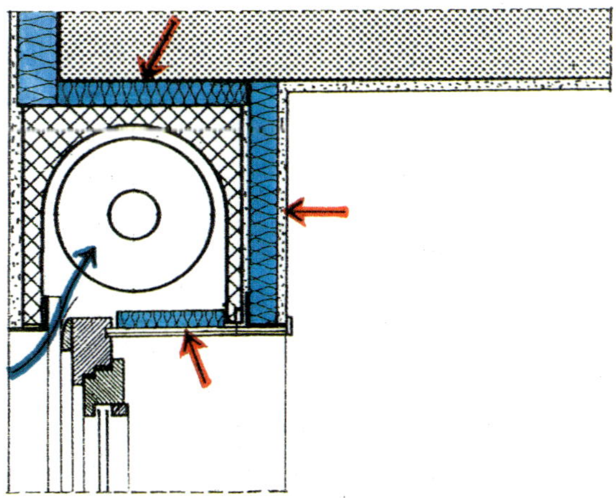

4 Fertigkästen ohne ausreichenden Eigendämmwert benötigen Zusatzdämmungen. Dämmung der inneren Blende, z. B. als ein über die gesamte Raumbreite durchgehender Fries.

27 Rolladenkästen richtig dämmen

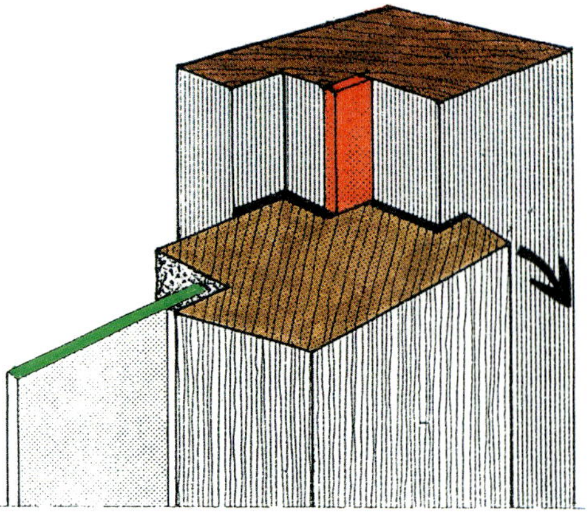

1 Dichtungsband im inneren Falz

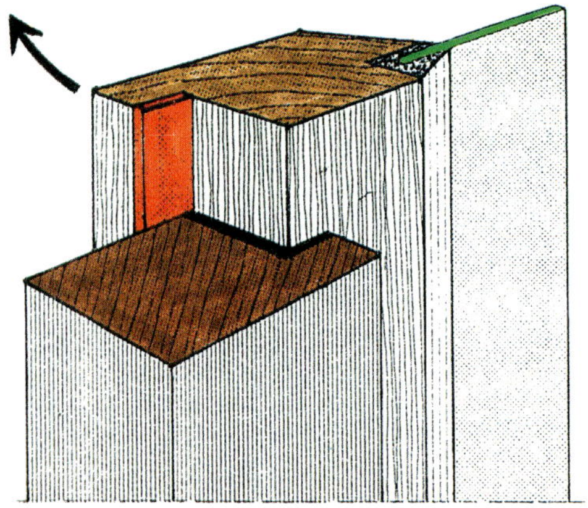

2 Dichtungsband am Fensterflügel

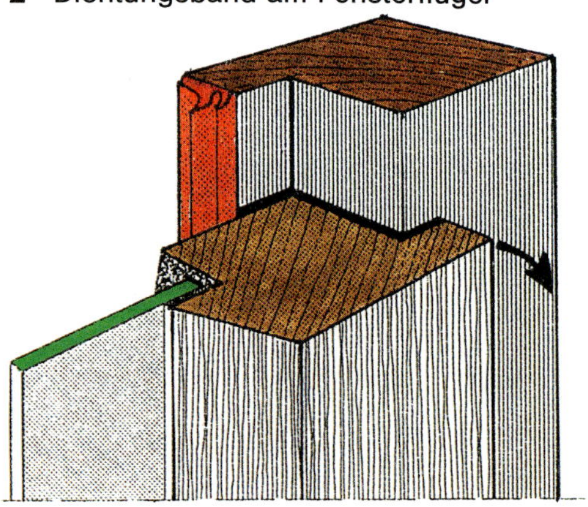

3 Dichtleisten am Fensterrahmen

4 Elastisches Dichtungsband mit selbstklebender Rückseite

5 Kunststoff-Dichtleisten werden außen oder innen angeschraubt

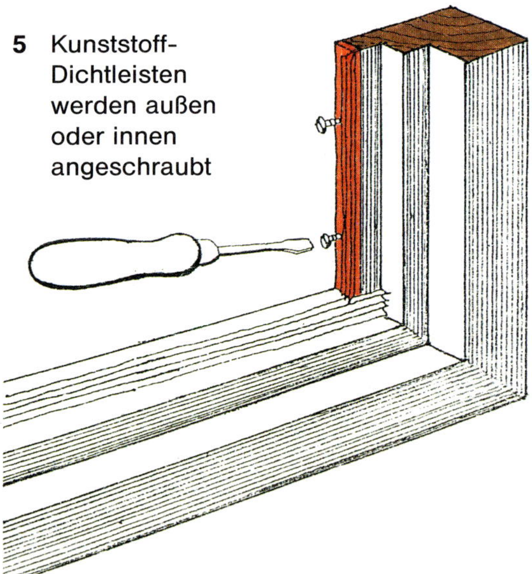

28 **Abdichtung der Fensterfugen**

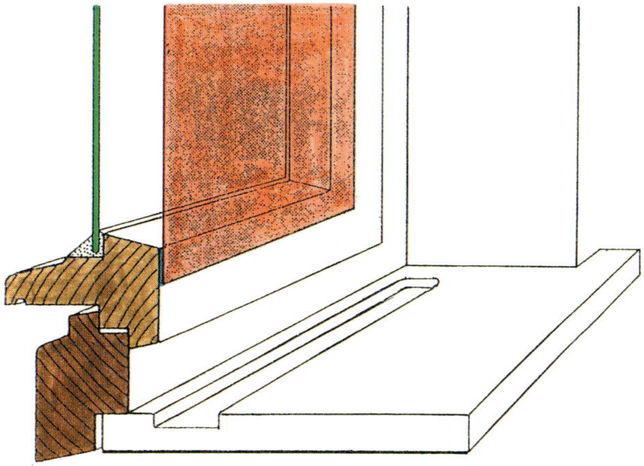

1 Einfach-
verglasung,
innen mit klar
durchsichtiger
Folie bespannt

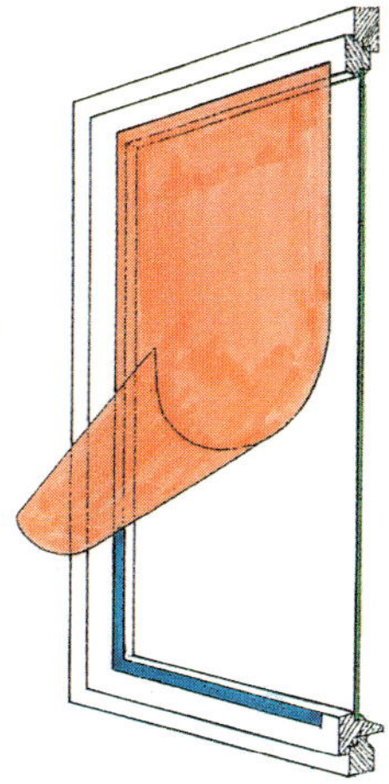

2 Einfach-
verglasung mit
Vorsatzflügel aus
Sicherheitsglas

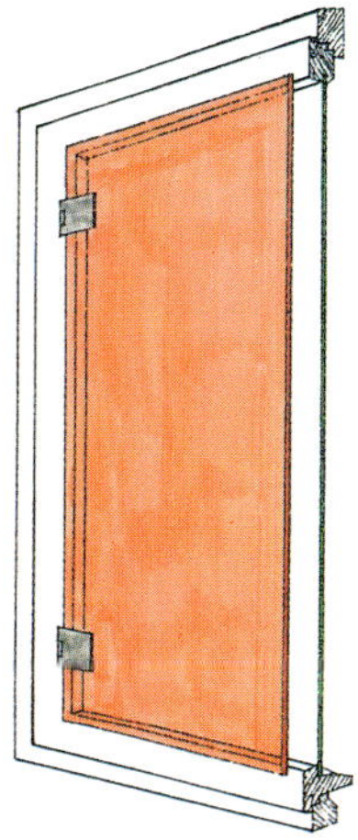

3 Isolierglas
mit Umbauprofil
für einfach
verglasten
Fensterflügel

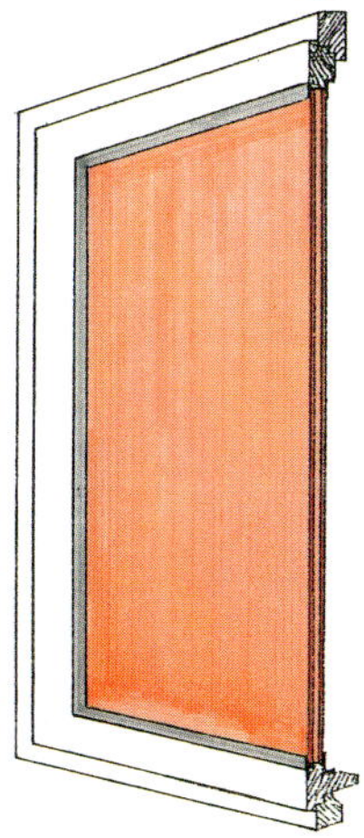

29 **Nachträgliche Doppelverglasung**

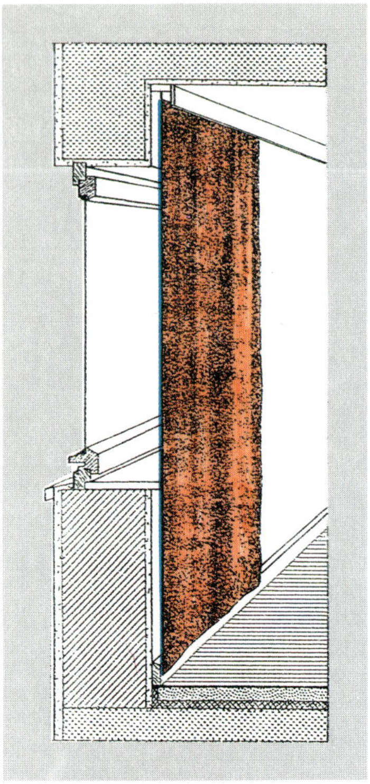

1 Dicke, dichte **Vorhänge** sind am wirksamsten. Damit sich ein ruhendes Luftpolster ergibt, sollten sie mit ihren Rändern dicht an der Wand und am Boden anschließen

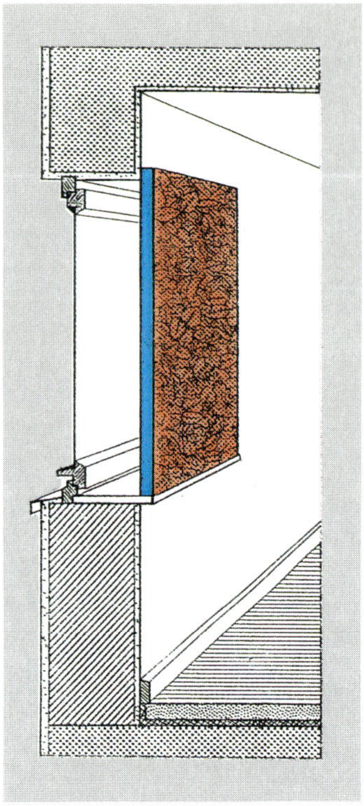

2 **Dämmelement** vor der Fensternische angebracht. Lösbare Haftverbindung, z. B. Magnetband oder Dauerhaftband

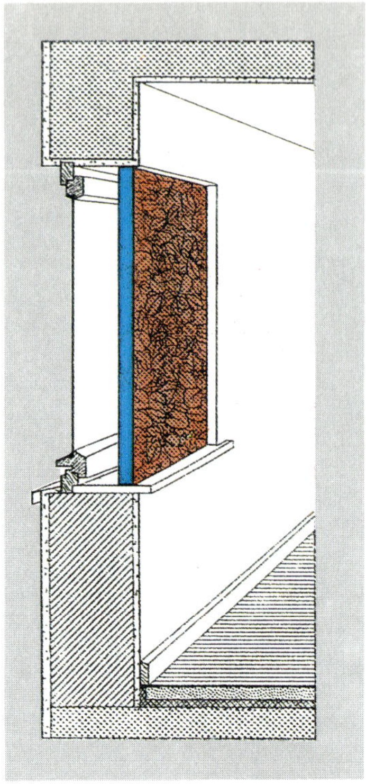

3 **Dämmelement** zum Einstellen in die Fensternische. Mit elastischem Randprofil als Klemmverbindung sowie zum Ausgleich von Unebenheiten

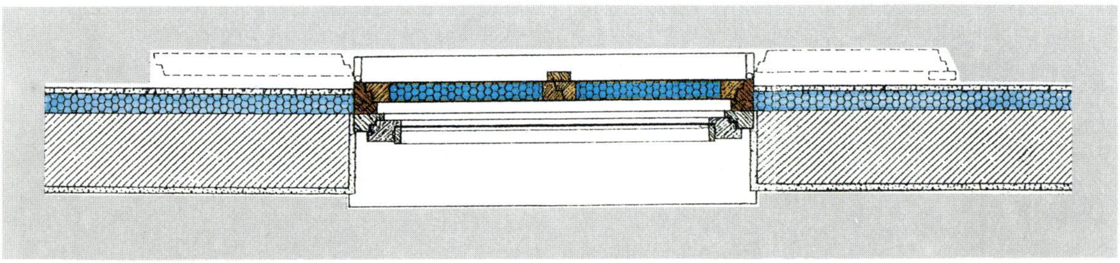

4 **Wärmegedämmter Klappladen.** Mögliche Ausführung: Holzrahmen mit Falzen, beidseitig mit wetterfest verleimtem Sperrholz beplankt, Kern ca. 40 mm Dämmstoff. Die Randfalze ringsum mit zusätzlichen Dichtungsprofilen.

30 **Wärmedämmelemente für das Fenster**

Baulicher Feuchteschutz

Jedes Gebäude wird ständig von Feuchtigkeit beansprucht. Dauernde Feuchtigkeit verursacht mit der Zeit schwerwiegende Schäden. Bedenklich wird es vor allem, wenn ständig oder in Abständen Feuchtigkeit zugeführt wird, wie z. B. Regenwasser durch undichte Stellen oder Erdfeuchte bzw. Grundwasser durch schlecht abgedichtete Untergeschoßwände. Die Einwirkungen werden aber meist erst dann erkannt, wenn der Schaden bereits sichtbar geworden ist. Andauernde Feuchtigkeit läßt auch Holz faulen, Stahl rosten, Putz und Mörtel verlieren ihre Festigkeit und bröckeln ab.

Außenbauteile werden durch von innen kommende Feuchte oft mehr beansprucht als durch Niederschlagwasser. Die Feuchtigkeitseinwirkungen von innen sind:

- Neubaufeuchtigkeit als Ursache der Bauherstellung;
- Wasserdampf durch Haushalt und Körperpflege und die Feuchtigkeitsabgabe von Menschen und Tieren;
- Wasser, das in feuchten Räumen, wie z. B. in Bädern, Küchen usw. anfällt;
- Reinigungswasser, Gießwasser und Wasser aus schadhaften Leitungen;
- Tauwasser auf den Innenoberflächen von Bauteilen oder im Innern der Bauteile durch Kondensation von Wasserdampf.

Die Wasserdampfkondensation auf wasseraufnehmenden Oberflächen, wie z. B. Tapeten und Anstrichen, ist nicht schädlich, sofern sie nur kurzzeitig auftritt und auch wieder laufend abgetrocknet wird. Aber in schlecht durchlüfteten Raumecken, hinter Schränken, die an der Außenwand stehen, und hinter schweren Vorhängen kann eine Dauerdurchfeuchtung entstehen, die zu Schimmelbildung, Tapetenablösung oder gar Putzzerstörung führt.

Feuchtigkeitseinwirkungen im Gebäude ergeben sich praktisch das ganze Jahr über, nur man sieht diese Einwirkungen meistens nicht. Warum? Weil die Hauptursache der unsichtbare Wasserdampf ist. Über diese bei kritischen Zuständen recht unangenehm werdende Innenfeuchte soll nachstehend berichtet werden.

Was ist Wasserdampf?

Das wissen wir von der Schule her: Die Luft, in der wir leben und die wir atmen, ist ein Gasgemisch. Sie setzt sich zusammen aus ca. 78 Prozent Stickstoff, ca. 21 Prozent Sauerstoff und geringen Anteilen an Edelgasen. Was uns aber in der Schule nicht oder nur ganz vereinzelt beigebracht wurde: Die Luft enthält auch Wasserdampf. Dieser unsichtbare und geruchlose Wasserdampf ist in wechselnden Mengen immer in der Luft enthalten. Wasserdampf entsteht bei Verdunstung über Gewässern und Feuchtegebieten. Aber auch die meisten Pflanzen und Tiere sowie die Menschen geben Wasserdampf als Nebenprodukt ihrer Stoffwechselvorgänge ab. Solange der Wasserdampf in der Luft sich in Dampfform befindet, also in gasförmigem Zustand erhalten bleibt, stört er niemanden. Erst wenn er sich als Tauwasser niederschlägt, wird er oft als unangenehm empfunden. Die Menge des Wasserdampfs in der Luft kann nicht beliebig groß werden, sondern ist begrenzt und hängt von der Raumtemperatur ab (Tabellen 31 und 32).

Sind die bis zur Sättigung möglichen Feuchtemengen erreicht und wird der Luft zusätzlich Wasserdampf beigemischt oder die Luft kühlt ab, dann kondensiert der Wasserdampf in kleinen Wassertröpfchen aus. Kondensat ist also zu flüssigem Wasser gewordenes, gasförmiges Wasser aus der Luft. Kondensat erscheint z. B. als Dampfwolke über dem Kochtopf, als beschlagener Spiegel im Bad, als Tauwasser an der Fensterscheibe oder an kühlen Flächen des Raumes.

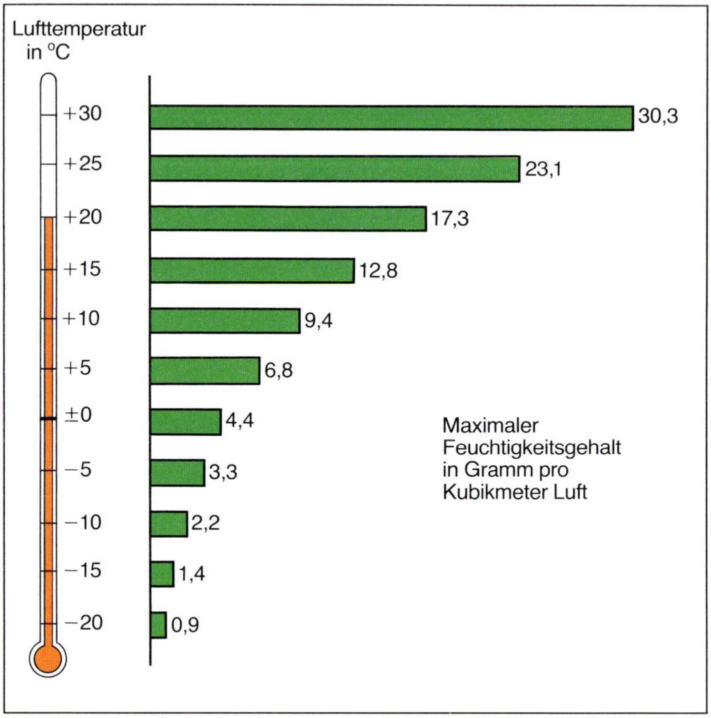

31 Die Menge des Wasserdampfs in der Luft hängt von der Raumtemperatur ab

Lufttemperatur in °C	Relative Luftfeuchte bei 100 Gramm Wasser in der Luft	Wasser-Sättigungsmenge von 45 Kubikmeter Luft in Gramm
+25	10%	1040 g
+20	13%	780 g
+15	17%	580 g
+10	24%	420 g
+5	32%	310 g
±0	50%	200 g
−5	67%	150 g
−10	100%	100 g

32 Relative Luftfeuchte und Wasserdampf-Sättigungsmenge bei verschiedenen Temperaturen

Die Angaben in beiden Tabellen bestätigen:

Warme Luft kann mehr, kalte Luft kann weniger Wasserdampf aufnehmen.

Luftfeuchte

Die Luft enthält gewöhnlich nur einen Teil des höchstmöglichen Wasserdampfgehalts. Man spricht dann von der relativen Luftfeuchte, nämlich von dem Prozentsatz der bestehenden Feuchtigkeitsmenge in bezug auf die mögliche Sättigungsmenge mit 100 Prozent (Bild 33).

Zu feuchte oder zu trockene Luft kann sich nachteilig auf das körperliche Wohlbefinden auswirken. Deshalb sollte aus Gründen der Behaglichkeit und der Gesundheit die relative Luftfeuchte im Sommer etwa 40 bis 55 Prozent und im Winter etwa 45 bis 65 Prozent betragen (Tabelle 34). Bei Lufttemperaturen unter +20 °C sind höhere Feuchtigkeitsgehalte zulässig, da weniger Feuchte über die Körperoberfläche verdunstet wird (Tabelle 35).

Bei zu hoher Luftfeuchtigkeit wird die Verdunstung von Schweiß an der Hautoberfläche erschwert. Die notwendige Entwärmung des Körpers wird beeinträchtigt. Wir empfinden diesen Zustand als unangenehm schwül. In Räumen mit zu hoher Luftfeuchte wird auch die Bildung von Schimmel und Sporen begünstigt. Feuchter Staub kann ein Träger von Krankheitserregern sein. Das einfachste Mittel, übermäßige Luftfeuchte abzuführen, ist eine wirkungsvolle Lüftung. Am günstigsten bei hohen Raumtemperaturen, wenn die Luft mit viel Wasserdampf geladen ist.

Längeres Einatmen von zu trockener Luft kann die Schleimhäute austrocknen. Die Trockenheit beeinträchtigt vor allem die Funktion der Flimmerhaare in den Atemwegen. Dadurch verschlechtert sich die Selbstreinigung des Atemsystems (Bild 45, Seite 59). Die Anfälligkeit für Erkältungskrankheiten wird erhöht. In trockenen Räumen schwebt auch mehr Staub in der Luft. Verschwelt der Staub auf Heizflächen, so werden die Atmungsorgane gereizt. Aus all diesen Gründen sollte eine relative Luftfeuchte von 30 Prozent nicht unterschritten werden.

Andererseits läßt sich trockene Luft bei hohen Temperaturen sehr gut vertragen. Dies erkennt man sehr deutlich aus Tabelle 35, wo sich das günstige Behaglichkeitsfeld mit Zunahme der Lufttemperatur immer mehr in den trockenen Bereich verschiebt. Wer trockene Luft liebt, muß aber unbedingt dafür sorgen, daß die sauber ist.

Wann steigt oder sinkt die relative Luftfeuchte? Diese Vorgänge sind in der Übersicht 37 auf Seite 48/49 sehr anschaulich dargestellt.

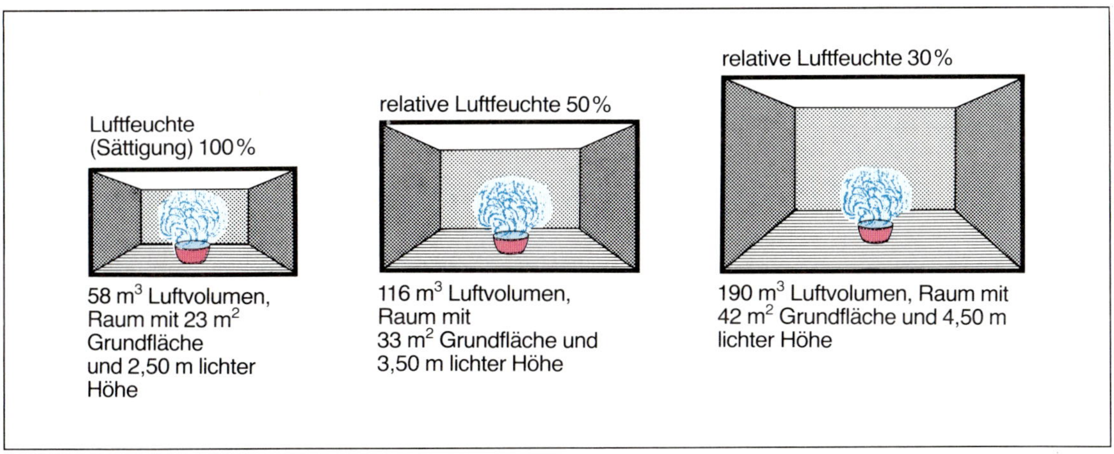

33 Notwendiges Raumvolumen, wenn bei 20 °C Raumlufttemperatur ein Liter Wasser verdampft wird, bei Luftfeuchten von 100 Prozent (Sättigung) sowie relativen Luftfeuchten von 50 und 30 Prozent.

Relative Luftfeuchte															
25%	30%	35%	40%	45%	50%	55%	60%	65%	70%	75%	80%	85%	90%	95%	100%
zu trocken		trocken		normal feucht			feucht			zu feucht		zu naß			
unbehaglich		noch behaglich		besonders behaglich			noch behaglich			unbehaglich		ungenügend			

34 **Behaglichkeitsbereiche**

abgestimmt auf die relative Luftfeuchte bei etwa 20 °C Raumlufttemperatur

- Behaglicher Sommerbereich: 40 bis 55 Prozent (oberer Balken)
- Behaglicher Winterbereich: 45 bis 65 Prozent (unterer Balken)

Man erkennt, daß der besonders behagliche Bereich für Sommer und Winter gleichermaßen gilt.

	Taupunkttemperatur in °C bei einer relativen Luftfeuchte von:														
	30%	35%	40%	45%	50%	55%	60%	65%	70%	75%	80%	85%	90%	95%	100%
25	6,2	8,5	10,5	12,2	13,9	15,3	16,7	18,0	19,1	20,3	21,3	22,3	23,2	24,1	25,0
24	5,4	7,6	9,6	11,3	12,9	14,4	15,8	17,0	18,2	19,3	20,3	21,3	22,3	23,1	24,0
23	4,5	6,7	8,7	10,4	12,0	13,5	14,8	16,1	17,2	18,3	19,4	20,3	21,3	22,2	23,0
22	3,6	5,9	7,8	9,5	11,1	12,5	13,9	15,1	16,3	17,4	18,4	19,4	20,3	21,2	22,0
21	2,8	5,0	6,9	8,6	10,2	11,6	12,9	14,2	15,3	16,4	17,4	18,4	19,3	20,2	21,0
20	1,9	4,1	6,0	7,7	9,3	10,7	12,0	13,2	14,4	15,4	16,4	17,4	18,3	19,2	20,0
19	1,0	3,2	5,1	6,8	8,3	9,8	11,1	12,3	13,4	14,5	15,5	16,4	17,3	18,2	19,0
18	0,2	2,3	4,2	5,9	7,4	8,8	10,1	11,3	12,5	13,5	14,5	15,4	16,3	17,2	18,0
17	−0,6	1,4	3,3	5,0	6,5	7,9	9,2	10,4	11,5	12,5	13,5	14,5	15,3	16,2	17,0
16	−1,4	0,5	2,4	4,1	5,6	7,0	8,2	9,4	10,5	11,6	12,6	13,5	14,4	15,2	16,0
15	−2,2	−0,3	1,5	3,2	4,7	6,1	7,3	8,5	9,6	10,6	11,6	12,5	13,4	14,2	15,0
14	−2,9	−1,0	0,6	2,3	3,7	5,1	6,4	7,5	8,6	9,6	10,6	11,5	12,4	13,2	14,0

35 **Taupunkttemperatur der Luft**

in Abhängigkeit von der Lufttemperatur und der relativen Luftfeuchte. Werden die in der Tabelle angegebenen Taupunkttemperaturen unterschritten, kommt es zu Tauwasseranfall.

Die Raumluftfeuchte muß gemessen werden

Für die Empfindungen Wärme und Kälte besitzt der Mensch ein Wahrnehmungsorgan. Es sind die Wärme- und Kälterezeptoren in der Haut, die eine momentane Information über den thermischen Zustand der Umgebung vermitteln. Dieser Temperatursinn gehört zu den Sinnesfunktionen wie Hören, Sehen und Riechen.

Dagegen verfügt der Mensch über kein Sinnesorgan, das die Luftfeuchtigkeit unmittelbar wahrnimmt. Erst außerhalb des großen Mittelbereichs zwischen 30 und 70 Prozent wird zu trockene oder zu feuchte Luft mit den bekannten Erscheinungen wahrgenommen.

Der Mensch kann deshalb auch nicht spüren, ob in einem Raum die Luftfeuchte wegen der Entstehung von Schäden zu hoch ist. Hierzu braucht er ein Meßgerät – das Hygrometer. Es handelt sich um ein relativ preisgünstiges Gerät, das oft mit einem Thermometer gekoppelt ist. Die Werte der auf diesem Gerät ablesbaren relativen Luftfeuchte sind neben der Raumtemperatur zur wichtigsten Meßgröße der Raumklima-Kontrolle geworden.

Mit dem Hygrometer kann man also feststellen, ob in einem Raum die relative Luftfeuchte steigt oder sinkt. Erklärende Ausführungen hierzu werden in der Übersicht 37 gemacht.

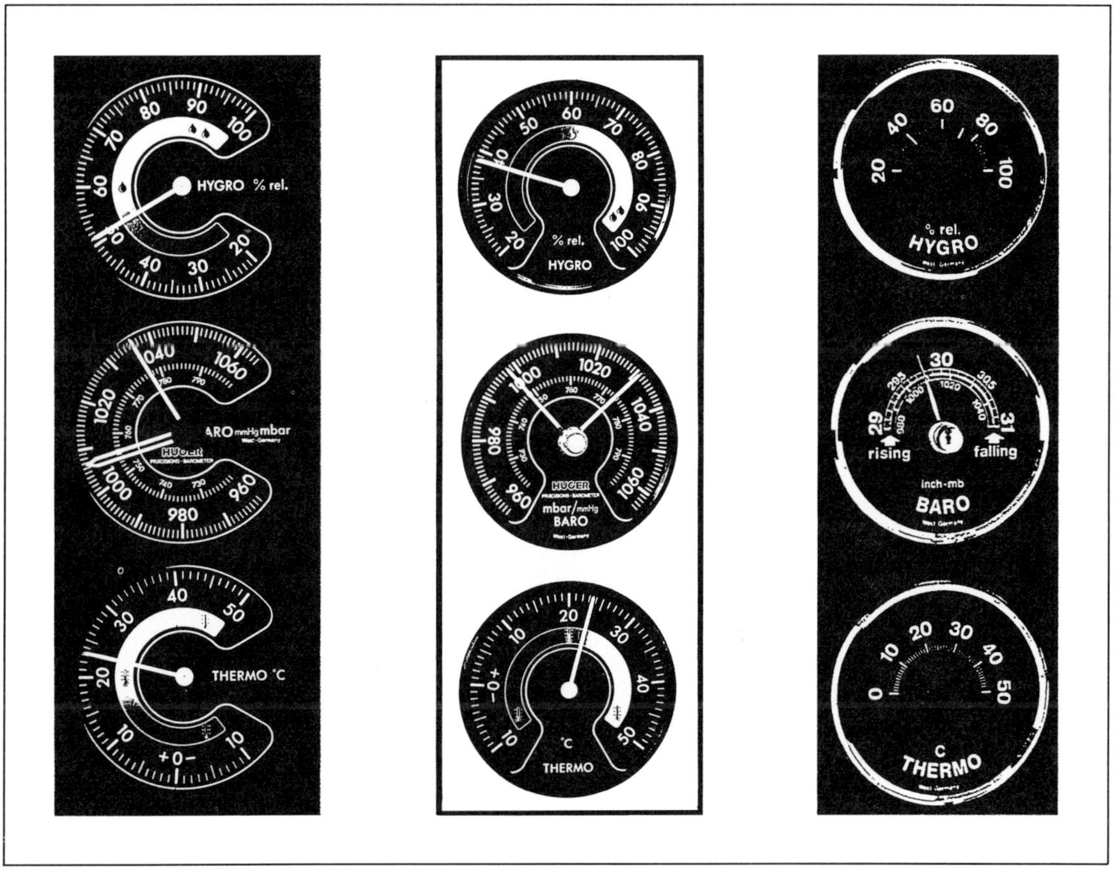

36 **Hygrometer** bekommt man im Optiker-Fachhandel, in großen Kaufhäusern und im Versandhandel

Die relative Luftfeuchte steigt:

wenn die Raumtemperatur absinkt und die Luft dabei abkühlt.

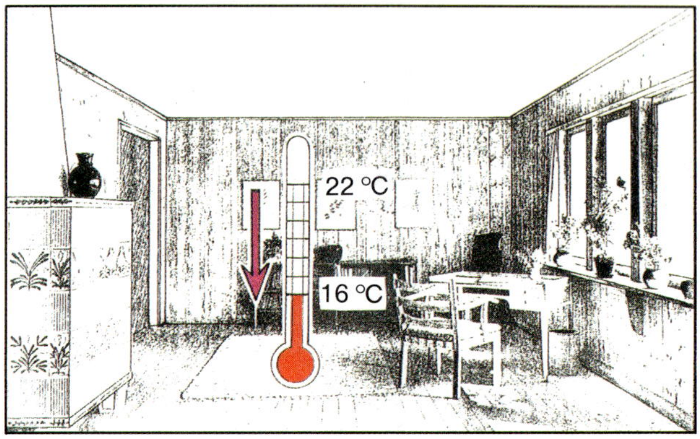

Beispiel: Bei 22 °C Raumtemperatur und einer relativen Feuchte von 60 % beträgt der Wassergehalt in der Luft 11,6 x 40 = 464 Gramm. Die mögliche Sättigungsfeuchte beträgt 776 Gramm.

Wird die Raumluft auf 16 °C abgekühlt, dann erhöht sich die relative Luftfeuchte auf 72 %. Gegenüber der Sättigung bei 22 °C können nur noch 556 Gramm Wasser von der Luft gehalten werden; 220 Gramm werden ausgeschieden und schlagen sich an den kühlsten Stellen im Raum nieder.

wenn dem Raum bei gleichbleibender Lufttemperatur weitere Feuchtigkeit zugeführt wird.

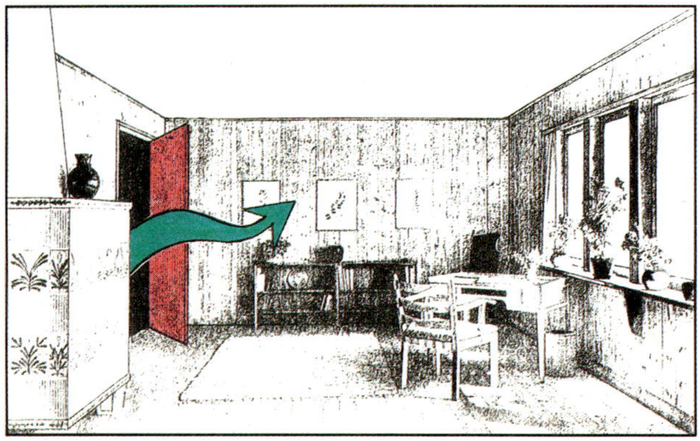

Beispiel: Bei 16 °C Raumtemperatur und einer relativen Feuchte von 60 % enthält die Luft 8,3 x 40 = 332 Gramm Wasser. Der mögliche Sättigungsgehalt beträgt 556 Gramm. Zu den vorhandenen 332 Gramm Wasser in der Luft werden noch 500 Gramm zugeführt = 832 Gramm. Nachdem aber die Luft nur 556 Gramm aufnehmen kann, werden 276 Gramm ausgeschieden und schlagen sich an den kühlsten Stellen im Raum als Tauwasser nieder.

37 Wann steigt oder sinkt die relative Luftfeuchte?

Für die erläuternden Beispiele wird ein Raum mit 16 m^2 Grundfläche und 2,50 m lichter Höhe = 40 m^3 Raumvolumen angenommen.

Die relative Luftfeuchte sinkt:

wenn im Raum die Lufttemperatur ansteigt.

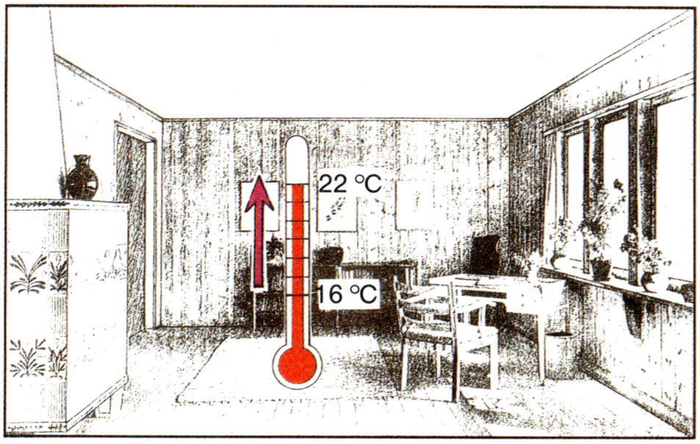

Beispiel: Der Raum mit 16 °C Raumtemperatur und 60 % relativer Luftfeuchte wird auf 22 °C Raumtemperatur aufgeheizt. Der Wassergehalt der Raumluft beträgt 8,3 x 40 = 332 Gramm. Nachdem der Sättigungsgehalt der Raumluft von 556 Gramm auf 776 Gramm angestiegen ist, reduziert sich die relative Luftfeuchte auf 43 %.

wenn dem Raum kühle und trockene Luft zugeführt wird.

Beispiel: Der Raum hat eine Lufttemperatur von 22 °C. Die relative Luftfeuchte beträgt 60 %, wodurch sich ein Wassergehalt in der Raumluft von 11,6 x 40 = 464 Gramm ergibt. Der Raum wird kräftig durchgelüftet, die warme Luft vollständig gegen Außenluft von 0 °C ausgetauscht. Nachdem die zugeführte Luft nur 4,8 x 40 = 192 Gramm Wasser enthält, sinkt die relative Luftfeuchte kurzfristig auf 25 %, die ausgetauschte Luft kann dann im Zug der Erwärmung 272 Gramm Wasser aufnehmen, bis der alte Raumzustand erreicht ist.

Woher kommt die Feuchtigkeit in der Raumluft?

In einer Wohnung gibt es viele Tätigkeiten, bei denen Wasserdampf entsteht, der dann in die Raumluft gelangt. In einem Vier-Personen-Haushalt sind dies täglich zehn bis zwölf Liter verdampftes Wasser, also mehr als ein Eimer voll.

Die nachstehenden Einzelangaben beziehen sich jeweils auf den Anteil **einer** Person.

- Der ruhende oder nur gering tätige Mensch scheidet im Durchschnitt täglich ca. ein Liter Wasserdampf über Haut und Lunge aus. Bei leichter bis mittlerer körperlicher Arbeit können dies über zwei Liter sein.
- Beim Kochen verdampfen etwa 0,5 Liter.
- Beim Baden, Wäsche waschen, Blumen gießen usw. gelangen bis zu 0,8 Liter in die Raumluft.

Zur Verdeutlichung noch einige weitere Angaben.

- Beim Betrieb von Gasgeräten wird etwa ein Liter Wasserdampf pro Kubikmeter verbranntem Gas frei.
- Bei einem Wannenbad von etwa einer halben Stunde Dauer oder einem nur etwa zehn Minuten dauernden Duschbad verdampfen 0,3 bis 0,4 Liter Wasser.
- Eine Waschmaschinenfüllung Wäsche (5-kg-Trommel), zum Trocknen aufgehängt, verdampft an Wasser: Geschleudert bis zu 0,2 Liter pro Stunde; tropfnaß bis zu 0,5 Liter pro Stunde.

Auch das Gießwasser der Zimmerpflanzen verdampft wieder vollständig in den Raum. Wird z. B. pro Tag ein Liter Wasser gespendet, so wird dieses Wasser durch die Pflanzen im Mittel über 24 Stunden wieder abgegeben. Einzelangaben zur täglichen Verdunstung stehen im nebenstehenden Bild 38.

Feuchtigkeit in Neubauwohnungen

Bei der Errichtung eines Neubaues wird eine große Menge Wasser verbraucht (Beton, Mörtel, Estrich). Ein Teil davon verbleibt in den Bauteilen, der andere Teil muß beseitigt werden. Bei Neubauwohnungen sollte man deshalb folgende Regeln beachten:

- Zur Austrocknung ist vor allem frische und trockene Luft bei möglichst häufigem Luftwechsel erforderlich.
- Die Neubaufeuchte darf nicht zu rasch und auch nicht bei zu großer Hitze beseitigt werden. Verzichtet man außerdem auf eine Lüftung, dann wird diese Feuchtigkeit in der Wohnun begierig von den Möbeln, Holztüren usw. aufgenommen.
- Gemauerte Innenwände, denen zu rasch die Feuchte entzogen wird, schrumpfen. An ihren Anschlußstellen bilden sich Risse. Besonders kritisch sind die Deckenanschlüsse.

Durchfeuchtung von eingebauten Baustoffen

Eine Durchfeuchtung von Baustoffen wirkt sich immer nachteilig aus. Durch das Wasser wird die in den Materialporen der Baustoffe enthaltene Luft verdrängt. Wasser hat eine 25mal so große Wärmeleitfähigkeit als Luft in winzigen Poren. Bei einer Durchfeuchtung wird die Wärmeleitfähigkeit des Baustoffs wesentlich erhöht, sein Wärmeschutz also entsprechend herabgesetzt. Mit derartigen Durchfeuchtungen muß vor allem gerechnet werden, wenn der Wasserdampf durch dichte Fassadenverkleidungen daran gehindert wird nach außen zu entweichen (Bild 43).

Dieser Vorgang hat aber auch eine wirtschaftliche Seite. Wer mit dichten Fenstern bemüht ist, zu viel Energie einzusparen, treibt die überschüssige Raumfeuchte in die Außenwand. Um diese Feuchte zu beseitigen, muß mehr geheizt werden. Was am Fenster gespart wurde, geht durch die Wand verloren.

0,10 bis 0,20
Liter

0,20 bis 0,35
Liter

0,30 bis 0,50
Liter

1,00 bis 1,50 Liter

38 Tägliche Verdunstung bei Pflanzen und Blumen

Die tägliche Verdunstungsmenge ist oben unter jedem Blumengebinde angegeben

Tauwasser

Wenn von Tau gesprochen wird, meint man in erster Linie den Tau, der in der freien Natur entsteht und den man besonders nach warmen Tagen am kühlen Morgen auf Gräsern und Blumen antrifft (Bild 40).

Tritt dieser Vorgang jedoch in Räumen auf, dann hat man ihn bisher überwiegend als Schwitzwasser bezeichnet. Dies ist aber physikalisch unkorrekt, weil das Bauteil die Feuchtigkeit nicht ausschwitzt, so wie z. B. der Mensch schwitzt (Bild 39). Das Bauteil wird vielmehr vom Tauwasser befallen, genauso wie die Blumen in Bild 40. Sprechen wir also in Zukunft nicht mehr von Schwitzwasser, sondern nur noch von **Tauwasser**.

Tauwasser bildet sich, wenn die Oberflächentemperatur von Bauteilen oder Einrichtungen den Taupunkt der Raumluft unterschreitet. Geschieht dies über einen längeren Zeitraum, kommt es zu einer Durchfeuchtung der Baukonstruktion mit den daraus entstehenden Folgeschäden wie Schimmelbildung oder vermindertem Wärmeschutz. Eine Tauwasserbildung in Bauteilen ist unschädlich, wenn das während der Tauperiode im Inneren des Bauteils anfallende Wasser während der Verdunstungsperiode (Sommer) wieder an die Umgebung abgegeben werden kann.

In Tabelle 35 sind die Taupunkttemperaturen für Lufttemperaturen von 14 °C bis 25 °C angegeben.

Die Ursachen einer Tauwasserbildung auf den Oberflächen von Bauteilen können recht vielfältig sein, wozu einige wichtige genannt werden:

- Wenn die Bauteile eine unzureichende Wärmedämmung aufweisen, das heißt, wenn die Wärme zu schnell nach dem kalten Bereich entweicht, z. B. an Wärmebrücken.
- Wenn im Raum eine hohe relative Luftfeuchte herrscht, z. B. in Küchen oder Bädern mit unzureichender Lüftung.
- Wenn die Wärmeübergangsverhältnisse zwischen Raumluft und Wandoberfläche wegen geringer Luftbewegung ungünstig sind, z. B. in Raumecken oder hinter Möbeln.
- Wenn ausgekühlte Räume schnell beheizt werden und sich die Raumoberflächen nur langsam erwärmen können.

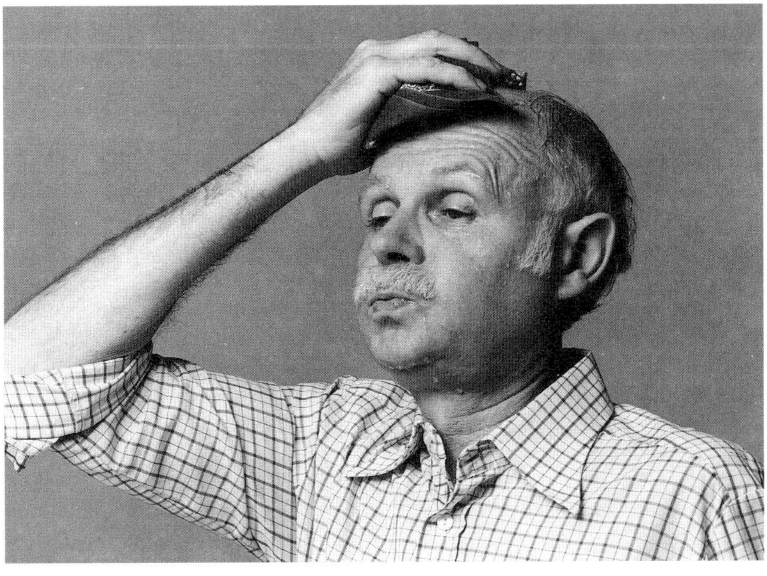

39 **Der Mensch schwitzt –** er scheidet zu viel Feuchtigkeit aus

1 Eine noch geschlossene Rose mit wenig Tau (Foto: J. Sikora, Essen)

2 Eine offene Rose mit viel Tau

40 **Tau – wie er in der Natur vorkommt**

An klaren Sommer- und Herbsttagen sind bei uns die Temperaturunterschiede zwischen Tag und Nacht manchmal so groß, daß bei ausreichender Luftfeuchtigkeit der Taupunkt unterschritten wird. Das heißt, der Wasserdampf der Luft schlägt sich in sichtbaren Tröpfchen am Boden und an Pflanzen nieder (Bild 1 und 2). Ist aber der Himmel von Wolken bedeckt, dann geben die unteren Luftschichten und der Boden bei Nacht weniger Wärme ab. Es entsteht dann kein Tau.

Was wir als Reif bezeichnen, sind kristalline, zarte Eisablagerungen in Bodennähe, bevorzugt an Gegenständen geringer Wärmekapazität wie z. B. Gräsern und dünnen Zweigen (Bild 3). Es handelt sich dabei um kleinste Eiskerne in der Luft, die den Übergang von Wasserdampf in Eis ohne flüssige Zwischenphase bewirken.

3 Blütenzweig mit Reif (Foto: Br. W. Feger, Beuron)

Tauwasser am Fenster

In Tabelle 41 sind verschiedene Verglasungen aufgeführt mit Angabe der sich bei unterschiedlichen Außentemperaturen einstellenden Oberflächentemperatur auf der Raumseite der Gläser. Dazu die höchstmögliche relative Luftfeuchte im Raum (bei 20 °C Lufttemperatur), bevor es zu Tauwasserbildung kommt.

Wie bereits ausgeführt, sind einfache Fensterscheiben besonders tauwassergefährdet. Bei 0 °C Außentemperatur bleibt die Einfachscheibe bis 37 Prozent relativer Luftfeuchte trocken. Ist aber mehr Dampf in der Luft vorhanden, dann bildet sich auf der Scheibe Tauwasser. Die Glasscheibe entfeuchtet somit laufend die Raumluft bei weiterem Dampfnachschub. Dies hat den großen Vorteil, daß alle übrigen Bauteile, deren Temperatur oberhalb 5,2 °C liegt, vor Tauwasser geschützt werden.

Beträgt die Innentemperatur auf der Einfachscheibe 0 °C und weniger, was sich ab etwa – 7 °C Außentemperatur ergibt, dann bilden sich Eisblumen auf der Fensterscheibe (Bild 42).

Übrigens, was natürliche Blumen und Eisblumen am Fenster gemeinsam haben: Beide brauchen genügend Wasser, damit sie existieren können.

Verglasungen allein (SZR = Scheibenzwischenraum)	k-Wert W/m²K	Temperatur auf der Scheibeninnenseite / Maximale relative Luftfeuchte bis Tauwasser anfällt — **Außentemperatur**[1] ±0 °C		−5 °C		−10°C		−15 °C	
Einfachverglasung	5,8	+5,2 °C	37 %	+1,5 °C	29 %	−2,2 °C[2]	21 %	−5,9 °C[2]	17 %
Glasbausteinflächen mit Hohlglasbausteinen	3,5	10,8 °C	55 %	8,5 °C	47 %	6,2 °C	40 %	3,9 °C	34 %
Doppeltes Isolierglas mit 6 bis 8 mm SZR	3,4	11,2 °C	57 %	9,0 °C	49 %	6,8 °C	42 %	4,6 °C	36 %
Doppeltes Isolierglas mit 10 bis 16 mm SZR	3,0	12,2 °C	60 %	10,2 °C	53 %	8,3 °C	47 %	6,3 °C	41 %
Doppelverglasung (Verbundfenster)	2,8	12,8 °C	63 %	11,0 °C	56 %	9,2 °C	50 %	7,4 °C	44 %
Dreifaches Isolierglas mit zweimal 10 bis 16 mm SZR	2,4	13,8 °C	68 %	12,2 °C	61 %	10,7 °C	55 %	9,1 °C	49 %
Wärmeschutz Isolierglas mit 15 mm SZR	1,2	16,8 °C	82 %	16,0 °C	78 %	15,2 °C	74 %	14,4 °C	70 %

41 **Oberflächentemperatur an der Scheibeninnenseite von verschiedenen Verglasungen**

Angabe der relativen Luftfeuchte, ab der sich Tauwasser niederschlägt. Die Angaben für unterschiedliche Außentemperaturen von 0 °C bis –15 °C bei durchweg 20 °C Raumlufttemperatur.

1) Die Angaben sind zutreffend für Räume mit 20 °C Raumlufttemerpatur. Treppenhäuser, Dielen usw. haben im allgemeinen eine geringere Lufttemperatur und sind damit anfälliger.

2) Es bilden sich Eisblumen am Fenster.

42 **Eisblumen am Fenster**

Kleine Kunstwerke der Natur. Dünne farblose Eisschichten, die sich selbst gestalten. Niemand modelliert sie.

Fotos: Br. Werner Feger, Erzabtei Beuron

Wasserdampfdiffusion durch Bauteile

Die Wanderung von Wasserdampf durch Bauteile wird in der Fachsprache als *Wasserdampfdiffusion* bezeichnet. Der Wasserdampf hat, ähnlich wie die Raumwärme, das Bestreben, von der warmen zur kalten Seite zu entweichen. Ohne Einfluß von Temperaturunterschieden strebt der Wasserdampf von der feuchten zur trockenen Seite. In der kritischen Winterzeit liegt also ein Temperatur- und ein Feuchtigkeitsgefälle von innen nach außen vor.

Die durch Wasserdampfdiffusion transportierte Feuchtigkeitsmenge ist aber sehr gering. Im Winter beträgt sie nur 2 Prozent der durch Luftwechsel abgeführten Feuchtigkeitsmenge. Die Wasserdampfdiffusion durch Außenbauteile kann deshalb niemals die Aufgabe haben, den Feuchtehaushalt der Räume zu regulieren. Dies geschieht vor allem über die Raumlüftung.

Dampfsperren und Dampfbremsen

Zur Verminderung von Durchfeuchtungsschäden infolge Wasserdampfdiffusion müssen Bauteile mitunter vor eindringendem Wasserdampf geschützt werden. Hierzu verwendet man:

Dampfsperren als besonders dichte Schichten, wie z. B. Aluminiumfolien.

Dampfbremsen als Schichten, die noch einen ganz geringen Dampfdurchgang zulassen, wie z. B. Kunststoff-Folien. Eine gewisse dampfbremsende Wirkung haben auch extrudierte Polystyrol-Hartschaumplatten oder -Dämmtapeten (Seite 91).

Unter Beachtung des kritischeren Winterzustandes sind Dampfsperren und Dampfbremsen stets auf der wärmeren Innenseite eines Außenbauteils anzubringen. Wegen der Notwendigkeit von Dampfsperren sollte man stets erfahrene Fachleute befragen.

43 Ein Schutz mit wasserdampfbremsenden Maßnahmen kann notwendig werden, wenn die Außenseiten von Bauteilen mit dichten Materialien verkleidet sind, wie z. B. mit Spaltklinker.

44 **Feuchtespeichervermögen** von Raumoberflächen und Wohnungseinrichtungen

Feuchtespeicherung

Die vom Raum her einwirkende Feuchtigkeit wird, wenn sie nur kurzzeitig auftritt und ausreichend gelüftet und geheizt wird, bei einem Tauwasserniederschlag wieder an die Raumluft verdampft.

Um größere Schwankungen bei der Luftfeuchtigkeit zu vermeiden, ist es vorteilhaft, wenn Raumoberflächen und Einrichtungen in der Lage sind, eine erhöht anfallende Feuchte aufzunehmen. In den Zeiten der Beruhigung wird dann diese gespeicherte Feuchte wieder langsam an den Raum zurückgegeben.

Je besser die Feuchtespeicherung ist, desto geringer sind die Schwankungen der Luftfeuchte in einem Raum bei Änderungen in der Feuchteproduktion.

Sind aber keine oder nur wenig Raumflächen oder Einrichtungen für die Feuchtespeicherung in einem Raum vorhanden, dann ist eine Beeinflussung der Raumluftfeuchtigkeit nur durch Lüften möglich.

Feuchtigkeits-aufnahme	Raumoberflächen	Einrichtungen
sehr gut und rasch	Leichte Spanplatte unbehandelt oder mit Papiertapete Naturholz (Tanne, Fichte) unbehandelt Poröse Holzfaserplatte, unbehandelt oder mit Papiertapete	Teppiche aus Haargarn, Sisal-, Kokosfasern Stoffe aus Wolle, Naturseide
gut und zügig	Leichter Gipsputz, Gipskartonplatte, auch mit Papiertapete Leichte Spanplatte mit durchlässigem Anstrich Naturholz (Kiefer, Buche, Eiche, Nußbaum), unbehandelt Naturholz (Tanne, Fichte) lasiert Durchlässige Filz- und Naturkorktapete	Vorhänge je nach Stoffart und Dichte Leinenstoffe, Betten, Polstermöbel Bücher und Zeitschriften, gut aufnahmefähig
mittelmäßg und etwas zögernd	Kalkputz, normaler Gipsputz mit Papier-tapete oder durchlässigem Anstrich Leichter Gipsputz, Gipskartonplatte mit durchlässigem Anstrich Schwere Spanplatte, unbehandelt oder mit Papiertapete Naturholz (Kiefer, Buche, Eiche, Nußbaum), zweimal lasiert	Teppiche aus synthetischen Fasern Holzmöbel je nach Holzart und Oberflächenbehandlung Polstermöbel mit Lederbezügen Bücher und Zeitschriften, wenig aufnahmefähig
gering und schleppend	Beton-, Ziegel-, Kalksandsteinmauerwerk unbehandelt oder geschlämmt Zement-, Kalkzementputz, unbehandelt Holzfußboden, versiegelt	Marmorplatten, unversiegelt Holzwerkstoffe mit sehr dünner Kunststoffbeschichtung Stoffe aus Glasfasern
keine Feuchte-speicherfähigkeit	Putze mit Lack- oder Ölfarbenanstrich Fliesen- und Plattenbeläge Glas, Metall, bestimmte Kunststoffe	Einrichtungsgegenstände aus Metall, Glas, Porzellan, usw. Marmorplatten, versiegelt Holzwerkstoffe (z.B. Spanplatten) mit Hartkunststoff beschichtet

Wohnungslüftung

Wie war es früher?

In Gebäuden ohne die heutigen dichten Fenster fand eine *Selbstlüftung* statt. Weder der Architekt noch die Bewohner brauchten sich um eine Minimallüftung ihrer Wohnung zu kümmern. Sie ergab sich ganz von selbst und war recht wirksam, allerdings unkontrolliert und mit hohen Energieverlusten verbunden.

Was müssen wir heute tun?

Die Fugendurchlässigkeit, die früher diese *Selbstlüftung* bewirkte, gibt es nicht mehr. Aber je mehr wir unsere Gebäude immer dichter machen, um Energie zu sparen, müssen unsere Wohnungen mit Überlegung gelüftet werden. Was früher von selbst passierte, erfordert heute unsere Mitarbeit.

Der **Architekt** muß nunmehr die Lüftung planen und dafür sorgen, daß geeignete Lüftungseinrichtungen eingebaut werden.

Die **Bewohner** müssen lernen, mit diesen Einrichtungen umzugehen und in erforderlichem Umfang zu lüften.

Dichte Fenster haben also zur Folge, daß wir mehr lüften müssen, als wir es bisher gewohnt sind. Dabei geht selbstverständlich etwas Energie verloren. Dafür ergeben sich aber gesundheitliche Vorteile, und vor allem viele Feuchteschäden werden vermieden.

Eine zusätzliche Dämmung der Außenbauteile zur Vermeidung von Feuchteschäden kann sehr vorteilhaft sein. Kommt jedoch eine zusätzliche Dämmung nicht in Betracht, so bleibt nur die Möglichkeit, die anfallende Feuchtigkeit *wegzulüften*.

Es hat auch keinen Sinn, die neuen Fenster wieder undicht zu machen (z. B. Entfernung der Dichtungsprofile), um den früheren Zustand der *Selbstlüftung* zu erreichen. Die Investitionen, die man in erster Linie wegen der Energieeinsparung gemacht hat, wären damit weitgehend sinnlos geworden.

Die Luft muß sauber sein

In bewohnten Räumen wird die Luft je nach Raumgröße, Belegung und nach Art der Tätigkeit entsprechend stark verbraucht und mehr oder minder verunreinigt. Die Ursache hierfür können sein:

- Zunahme des Kohlendioxidgehalts infolge Atmung, was in einer Wohnung im allgemeinen aber ohne nachteilige Wirkung ist.
- Wärme- und Wasserdampfabgabe des Menschen. Kommt der Mensch zum Schwitzen, können unangenehme Gerüche entstehen.
- Anreicherung der Luft an Riechstoffen durch menschliche Ausdünstungen, Rauchen, Kochen usw. Bei dieser Kategorie kann es sich in der Wohnung um den größten Luftverschmutzer handeln.
- Stäube und Mikroorganismen, die von der Außenluft hereingetragen werden (Industrie, Verkehr, Schornsteine). Dazu der in den Räumen erzeugte oder aufgewirbelte Staub.

Der Staub belastet die Atemwege des Menschen. Besonders gefährlich sind die nicht sichtbaren Feinststäube, weil sie bis in die Lungenbläschen gelangen. Beim Einatmen von Staub funktionieren Nase, Rachen und Luftröhre wie eine Klimaanlage, indem sie die eingeatmete Luft reinigen, erwärmen und befeuchten. Nase und Luftströme sind vergleichbar mit einer Filteranlage, die sich fortlaufend selbst reinigt. Die Oberfläche des Atemtraktes, vor allem die Lungenoberfläche, sind je nach Alter zwischen 50 und 80 Quadratmeter groß. Dagegen beträgt bei erwachsenen Personen die Oberfläche der Haut lediglich 1,70 bis 2 Quadratmeter.

Die Selbstreinigung der Atemwege und der Lunge ist anschaulich in Bild 45 dargestellt.

45 Selbstreinigung der Atemwege und der Lunge

In der **Nase** werden durch Filterwirkung und Niesen ca. 50 Prozent des Staubes zurückgehalten.

In der **Luftröhre** und den **Bronchien** werden durch Husten und Flimmerzellen ca. 25 bis 40 Prozent zurückgehalten. Die Fäden der Flimmerzellen befinden sich in einer dauernden schlagenden Bewegung und befördern Staubteilchen wie auf einem Transportband nach außen.

In die **Lungenbläschen** gelangen ca. 10 bis 25 Prozent des Staubes.

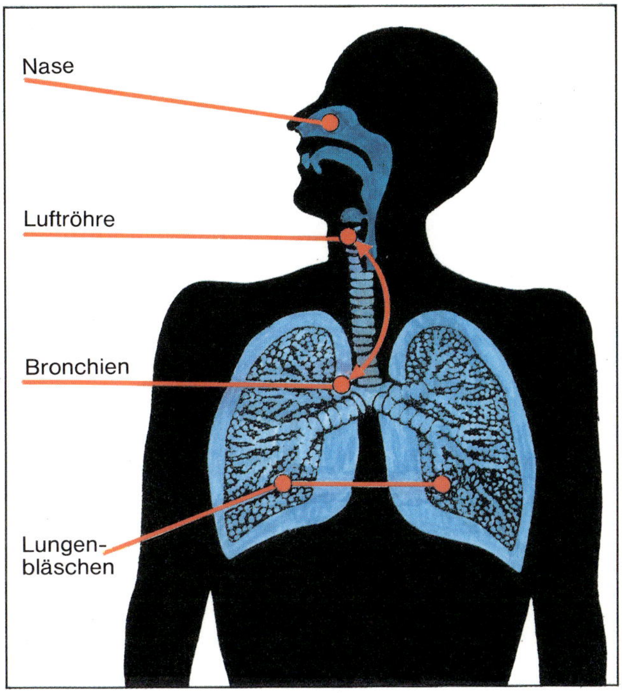

46 Atemluft ist lebensnotwendig:

Ohne Nahrung kann der Mensch vier Wochen überleben, ohne Wasser vier Tage, ohne Luft aber nur vier Minuten.

Aus dieser Luft entnimmt der Mensch Sauerstoff, damit die eingenommene Nahrung im Körper verbrannt bzw. zerlegt werden kann. Der nicht verbrauchte Sauerstoff wird zusammen mit Anteilen an Stickstoff, Wasserdampf und Kohlendioxid wieder ausgeatmet.

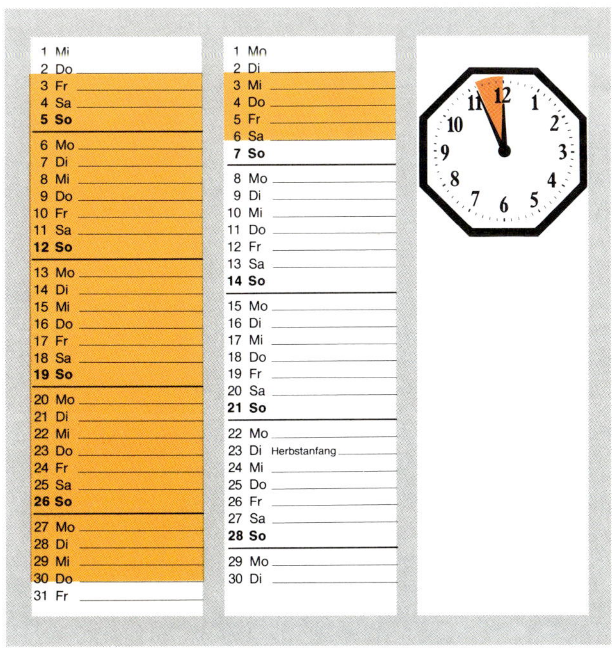

Die Luft enthält:

- ca. 78 Volumenprozent Stickstoff, der bei der Ausatmung wieder völlig abgegeben wird.
- ca. 21 Volumenprozent Sauerstoff, wovon 15 bis 16 Volumenprozent wieder ausgeatmet werden.
- ca. 0,03 Volumenprozent Kohlendioxid, ausgeatmet werden aber 3 bis 5 Volumenprozent.

Wird keine neue Luft zugeführt, dann wird durch die ständigen Atmungsvorgänge der Anteil des notwendigen Sauerstoffs stetig vermindert und der Anteil des in höheren Konzentrationen schädlichen Kohlendioxids weiter gesteigert.

Die in einem Raum verdorbene Luft muß also ausgetauscht werden.

Zur notwendigen Erneuerung der Raumluft über die Fenster gibt es grundsätzlich zwei Möglichkeiten, die auch kombiniert eingesetzt werden können:

Die **Stoßlüftung**, bei der in relativ kurzer Zeit der Luftaustausch erfolgt.

Die **Dauerlüftung**, bei der durch ständigen Luftaustausch dafür gesorgt wird, daß die Luftverschlechterung ein unerträgliches oder schädliches Maß nicht übersteigt.

Fensterlüftung im Winter

Während der kalten Jahreszeit funktioniert die Fensterlüftung in erster Linie aufgrund des Temperaturunterschiedes zwischen draußen und drinnen, und dies auch bei Windstille. Je kälter es draußen ist, um so besser die Lüftung. Beim Fenster strömt dann im unteren Bereich Frischluft herein, und im oberen Bereich zieht die verbrauchte Luft ab (Bild 47).

Nachdem die kalte Winterluft wesentlich trockener ist als die Raumluft, kann damit die Luftfeuchtigkeit im Raum kurzfristig gesenkt werden. Voraussetzung ist allerdings, daß die zuströmende kältere Luft erwärmt wird.

Im Winter wird also Energie zum Aufheizen der eingeströmten Frischluft gebraucht. Wer es mit dem Energiesparen ernst nimmt, sollte deshalb die Lüftung auf den wirklichen Bedarf beschränken und jede unkontrollierte Lüftung vermeiden.

Fensterlüftung während der Übergangs- und Sommerzeit

Ist es draußen und drinnen gleich warm, finden keine temperaturbedingten Lüftungsvorgänge statt wie im Winter. Hier muß dann die Windströmung genutzt werden, zweckmäßig über die sehr wirkungsvolle Querlüftung.

Wegen der immer häufiger werdenden Feuchteschäden in Wohnungen wurden in den letzten Jahren verschiedene Untersuchungen durchgeführt. Eine Empfehlung daraus lautet: In den Übergangszeiten ist besonders intensiv zu lüften, da gerade in diesen Zeiten mit Tauwasserbildung zu rechnen ist.

An heißen Sommertagen verläuft die Luftbewegung umgekehrt wie im Winter; die heiße Außenluft strömt in den Raum. Dagegen gibt es ein wirksames Mittel: die Nachtlüftung. Während der Nachtzeit ist nämlich die Außenluft kühler als bei Tage. Deshalb im Sommer die Wohnung während der Nacht oder am frühen Morgen gründlich durchlüften. Dabei wird auch die in den raumumschließenden Bauteilen gespeicherte Wärme vom vergangenen Sommertag abgeführt. Diese Flächen stehen dann für die Wärmespeicherung des kommenden Tages wieder zur Verfügung.

Die Stoßlüftung

Bei der sehr wirksamen Stoßlüftung strömt die Außenluft *stoßartig* (Luftstoß) je nach Temperaturunterschied oder Windeinwirkung in den Raum. Die ausgetauschte Luftmenge läßt sich aber nicht kontrollieren. Deshalb sollte man sich an den in Tabelle 48 angegebenen Lüftungszeiten orientieren.

Mit der Stoßlüftung werden vor allem die in der Raumluft enthaltenen Verunreinigungen durch Gase, Dämpfe und Stäube auf ein hygienisch unbedenkliches Maß verdünnt und beseitigt. Infolge der hohen Luftgeschwindigkeiten wird auch die Feuchte aus den Raumecken abgeführt, aber nur dann, wenn die in den Ecken stehenden Möbel umströmt werden können.

Es ist auch ein Vorteil der Stoßlüftung, daß mit der verbrauchten Luft nur wenig Wärme entweicht. Die in den Wänden und Einrichtungen gespeicherte Wärme bleibt im wesentlichen dem Raum erhalten. Nach dem Schließen der Fenster kann die Frischluft ziemlich schnell auf die gewünschte Temperatur gebracht werden.

Der Begriff *Stoßlüftung* für das zeitlich begrenzte vollständige Öffnen eines Fensters hat sich in den letzten Jahren im Zusammenhang mit den neuen dichten Fenstern eingeführt. Dabei handelt es sich aber um eine altbekannte Maßnahme, wie z. B. die Pausenlüftung in Schulklassen oder Tagungsräumen.

Dauerlüftungen über das Fenster

Will man das Raumklima über längere Zeit stabil halten, dann können regelbare Dauerlüftungen zweckmäßig sein. Vorteilhaft auch dort, wo die Stoßlüftung nicht angewendet werden kann, wie z. B. in Schlafräumen während der Nacht.

Während der kalten Jahreszeit, wenn die Temperaturunterschiede zwischen drinnen und draußen recht groß sind, genügt es, wenn das Fenster nur einen geringen Spalt geöffnet oder gekippt ist. Denken wir dabei an die alten Fenster, bei denen die Fugenlüftung ausreichend war.

Fensterkonstruktionen, die für eine solche Spaltlüftung eingerichtet sind, gibt es inzwischen. Außerdem können vorhandene Fenster für eine dosierbare Spaltlüftung mit Zusatzeinrichtungen ausgestattet werden (Bild 50).

Dagegen sollte man im Winter eine Dauerlüftung durch normales Auskippen des Fensterflügels vermeiden. Der dabei entstehende Luftaustausch beträgt dann ein Vielfaches der benötigten Luftmenge. Außerdem ergeben sich im Fensterbereich, besonders bei den Fensterlaibungen, stark abgekühlte Oberflächen, die dann bevorzugt von Tauwasser befallen werden.

Eine weitere Möglichkeit sind besondere Dauerlüfter, die im Fensterbereich eingebaut werden. Je nach Anordnung ist ihre Wirkung aber sehr unterschiedlich, wie in Bild 51 dargestellt und beschrieben. Für die thermische Lüftung, die besonders im Winter wirksam ist, sind senkrecht eingebaute Elemente zweckmäßig oder zwei Elemente oben und unten am Fenster waagrecht eingebaut. Dagegen ist die Anordnung eines einzelnen waagrechten Dauerlüfters ungünstig. Ein Lüftungseffekt entsteht erst, wenn auf der Gegenseite weitere Lüftungsöffnungen vorhanden sind (Tür, Fenster, Luftschacht usw.). Es muß also eine Art Querlüftung geschaffen werden.

Angeboten werden auch motorisch betriebene Lüfter. Am bekanntesten dürften die sog. Walzenlüfter sein, die am Fenster oder im Rolladenkasten eingebaut werden. Die Regulierung der Luftmengen ist stufenlos möglich, zusätzlich können Staubfilter eingebaut werden.

Schallschutz-Fensterlüftungen

Erhält ein Raum Schallschutzfenster, dann sollte auch die Fensterlüftung schallgedämmt sein. Dabei handelt es sich meist um Zuluft-Elemente, die unter dem Fenster, und Abluft-Elemente, die im oberen Fensterbereich eingebaut werden.

Die schalldämmende Wirkung besteht darin, daß die Zu- oder Abluft eine längere, labyrinthartig angelegte Kanalstrecke passieren muß, die außerdem mit Schallschluckstoffen ausgelegt ist. Vorteilhaft sind solche Lüfter, die motorisch betrieben werden. Sie haben eine höhere Leistung und funktionieren das ganze Jahr über.

Es kann mitunter vorteilhafter sein, anstelle der aufwendigen Schalldämmlüfter eine zentrale Lüftung vorzusehen, an die dann noch weitere Räume angeschlossen werden können (Seite 70).

Ansonsten kommt für eine Fensterlüftung ohne die recht teuren Schallschutzlüfter nur noch die bereits beschriebene Stoßlüftung in Frage. Dabei muß man allerdings kurzfristig eine erhöhte Lärmeinwirkung in Kauf nehmen.

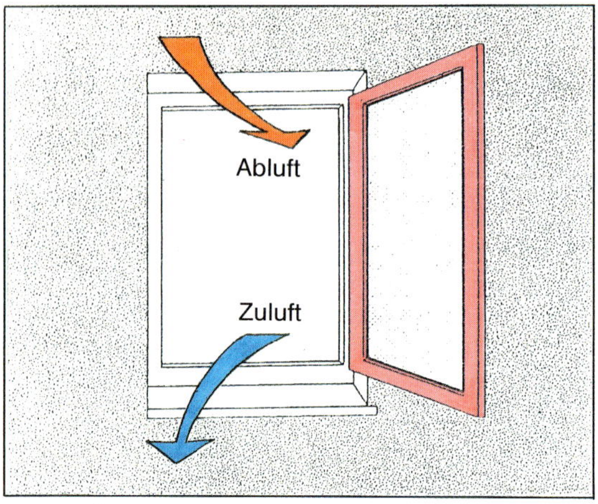

1 Dreh- und Drehkippflügel

Ganz offen als Stoßlüftung, um so vorteilhafter, je höher das Fenster ist. Dabei können sich in der Stunde 10 bis 15 Luftwechsel ergeben. Besonders wirkungsvoll bei Querlüftung, dann sind bis zu 30 Luftwechsel möglich.

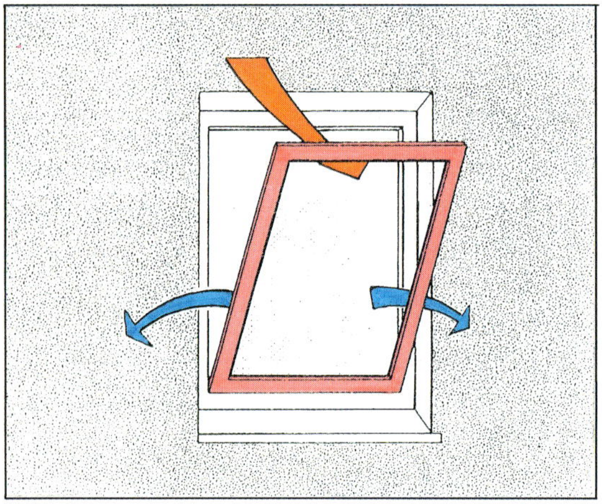

2 Drehkippflügel mit großem Spalt

Es ergibt sich eine gute Lüftungswirkung. Zu- und Abluft liegen weit genug auseinander. Mit vier bis sieben Luftwechsel kann gerechnet werden.

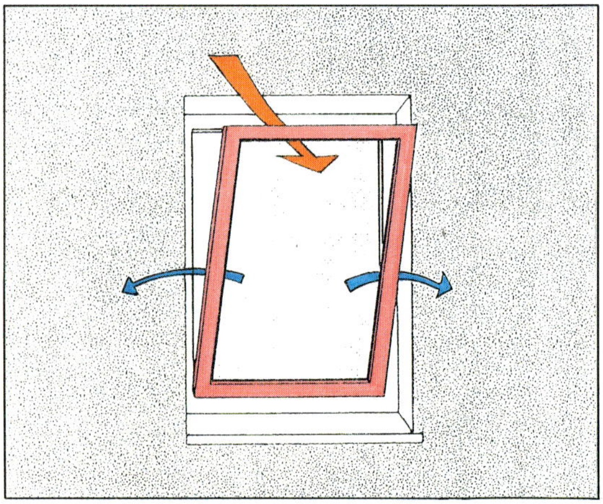

3 Drehkippflügel mit kleinem Spalt

Mit dem bei den meisten Fenstern möglichen normalem Spalt sind bis zu zwei Luftwechsel möglich, im kalten Winter können es mehr sein. Ist der Rolladen geschlossen, dann nur noch 0,5 bis 1,3 Luftwechsel.

47 **Fensterlüftungen und ihre Wirkung**

4 Oberlicht-Kippflügel

In der kalten Jahreszeit nur für Abluft.
Zuluft durch das geöffnete Fenster, offene Tür oder besonderen Lufteinlaß.

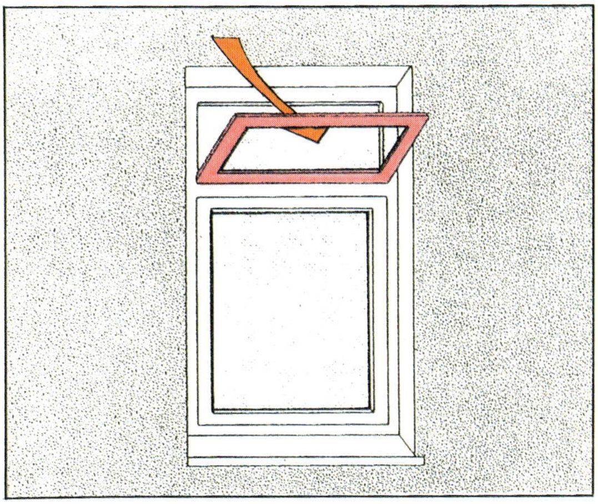

5 Schwingflügel

Gutes Lüftungsfenster, wenn der Schwingflügel in jeder Stellung arretiert werden kann.
Nachteilig ist, daß bei hohen Gebäuden im Sommer warme Fassadenaufluft in den Raum gelangt.

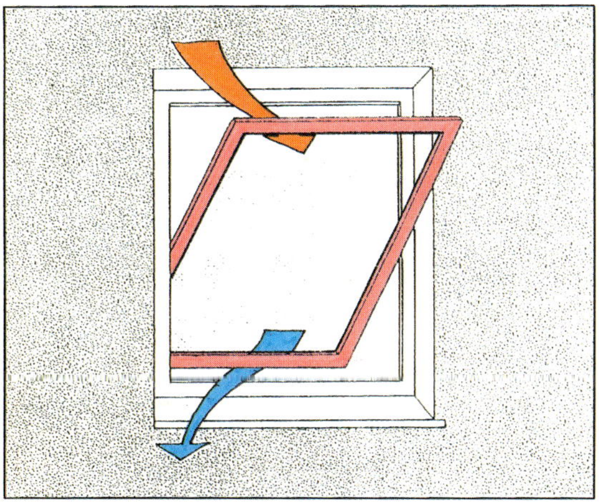

6 Vertikalschiebefenster

Regulierbare Lüftung von ganz offen bis zum kleinen Spalt.
Vorteilhaft sind hohe Fenster oder Fenster-Schiebetüren.

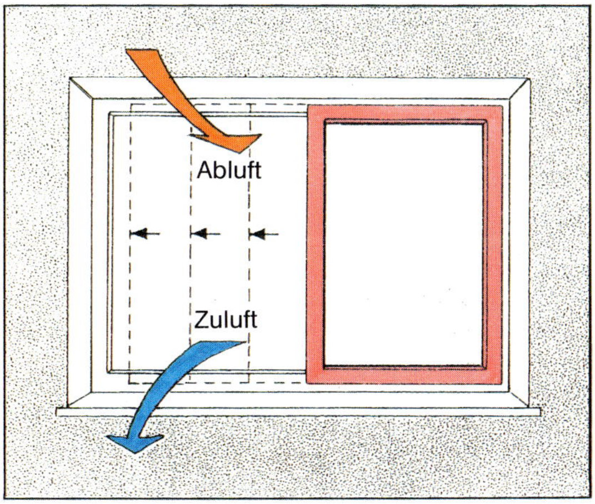

Die für die angegebenen Lüftungszeiten besonders zutreffenden Monate	Ungefähre Lüftungszeit in Abhängigkeit von der Außentemperatur	
Dezember, Januar, Februar	4 bis 6 Minuten	
März, November	8 bis 10 Minuten	
April, Oktober	12 bis 15 Minuten	
Mai, September	16 bis 20 Minuten	
Juni, Juli, August	25 bis 30 Minuten	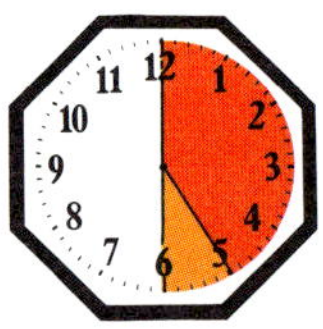

48 Wirkung der natürlichen Lüftung als **Stoßlüftung** je nach Jahreszeit

(Zur Tabelle 49)

[1] Einen Luftwechsel zu erzielen bedeutet, daß das Luftvolumen in einem Raum weitgehend gegen frische Außenluft ausgetauscht wird. Lüftung infolge Temperaturunterschiede im allgemeinen nur während der kalten und sehr kühlen Jahreszeit (Monate November bis März). Sonst müssen für die natürliche Lüftung günstige Windverhältnisse vorliegen.

49 Wirkung der natürlichen Lüftung je nach **Öffnungsart** der Fensters

Die Wirkung der natürlichen Lüftung	Fensterstellung Lüftungsart	Ungefähre Dauer der Lüftung, um einen Luftwechsel zu erzielen[1)]
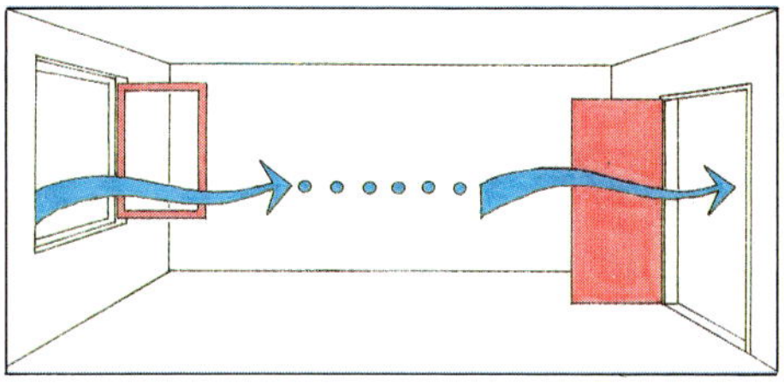	Fenster und gegenüberliegend Fenster/ Tür ganz offen (Querlüftung)	2 bis 4 Minuten
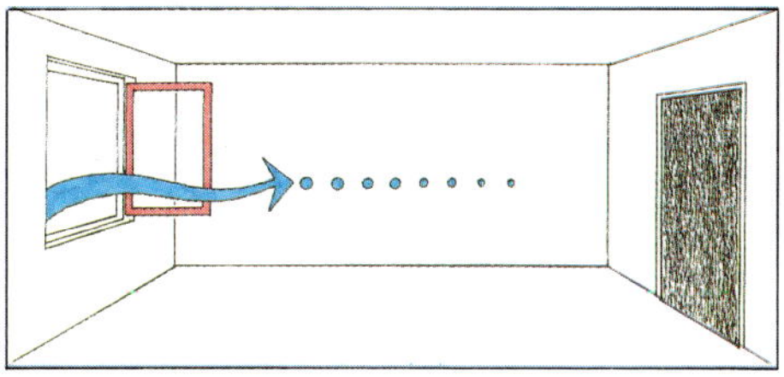	Fenster ganz offen (Stoßlüftung)	4 bis 10 Minuten
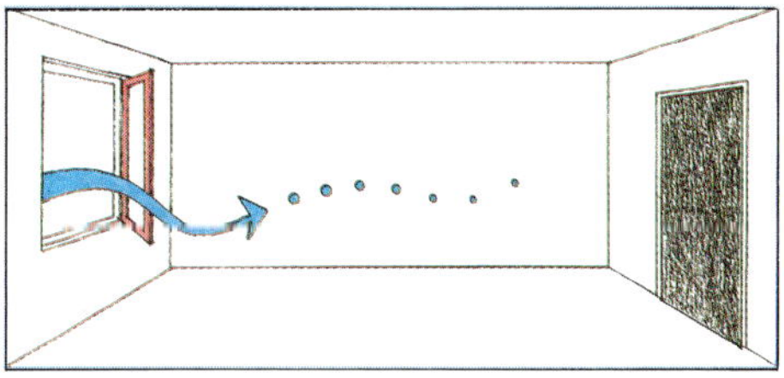	Fenster halb offen	8 bis 15 Minuten
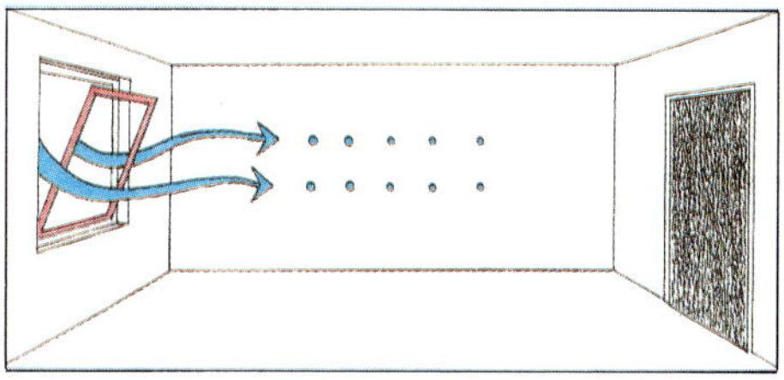	Fenster gekippt (keine Rolläden)	30 bis 75 Minuten
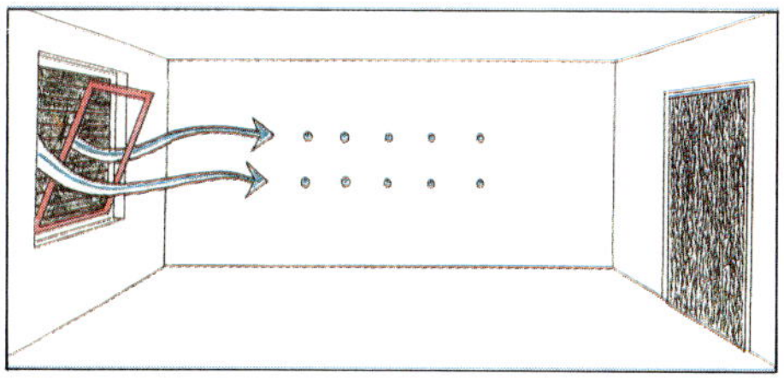	Fenster gekippt Rolladen zu	45 bis 120 Minuten

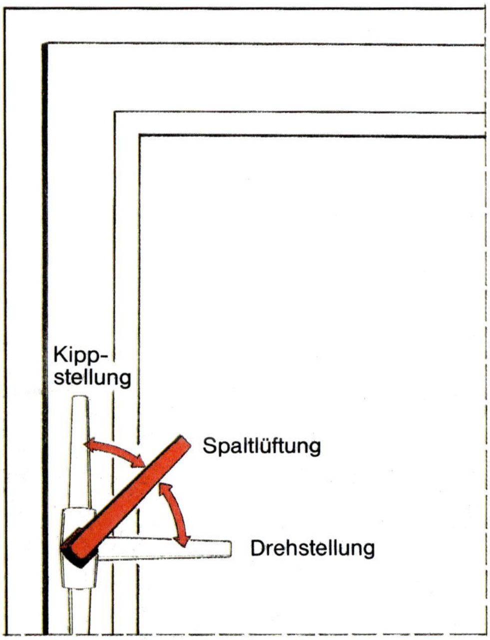

1 Der Flügel wird für die Spaltlüftung einige Millimeter in Kippstellung gebracht (Siegenia)

2 Feststellhaken zum Spaltlüften für Dreh- und Drehkipp-Fenster

3 Schlitze im Flügelrahmen für den Ein- und Austritt der Luft. Die Lüftung ist über einen Schieber in zwei Stufen regulierbar (Auratherm-Fenster)

50 **Fenster für Spaltlüftungen**

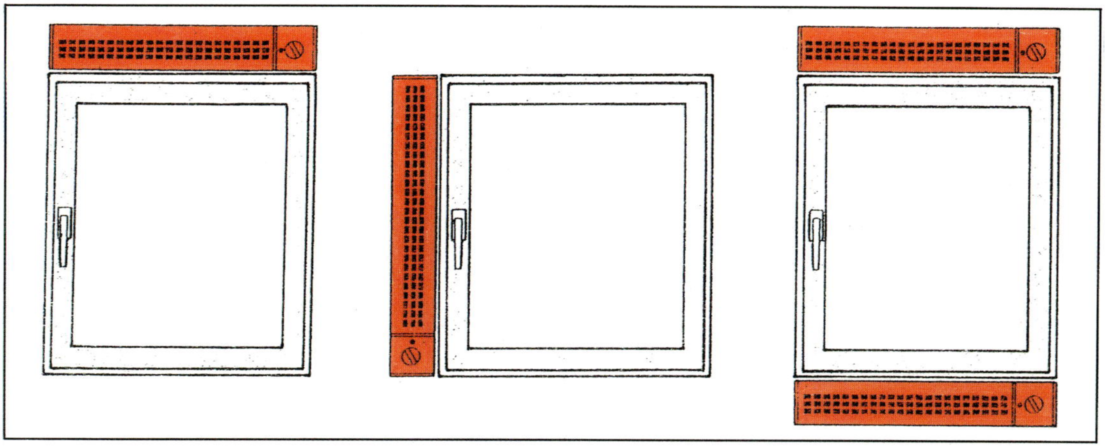

1 Lüftungselement über dem Fenster

Nur für Abluft. Zuluft durch die Tür oder besonderen Lufteinlaß.
Wirkung ca. 15 Prozent (wenn Bild 3 = 100 Prozent)

2 Lüftungselement neben dem Fenster

Für Zu- und Abluft, besonders während der kalten Jahreszeit.
Wirkung ca. 50 Prozent

3 Lüftungselemente über und unter dem Fenster

Besonders wirksame Anordnung: Zuluft unten und Abluft oben.
Wirkung 100 Prozent

51 **Lüftungselemente am Fenster als Dosierlüfter**

Offene Feuerstellen brauchen Verbrennungsluft

Bei Ofenheizungen wird die warme und feuchte Raumluft abgeführt, indem sie der Ofen mit der angesaugten Verbrennungsluft in den Schornstein leitet. Die notwendige Verbrennungsluft saugt der Ofen durch Fenster- und Türritzen an und sorgt so gleichzeitig für eine Lufterneuerung.
Wird diese Luftansaugung durch den Einbau dichter Fenster unterbunden, so muß die Zufuhr von Raum- und Verbrennungsluft anderweitig sichergestellt werden. Geschieht dies nicht, dann sind die Bewohner solcher Räume akut gefährdet.

Bei offenen Feuerstätten ist es vor allem das Kohlenmonoxid (CO), das für den Menschen so gefährlich ist, besonders wenn es in hoher Konzentration und auf längere Zeit auf ihn einwirkt. Kohlenmonoxid entsteht bei unvollständiger Verbrennung, das heißt, wenn der Ofen nicht ausreichend Verbrennungsluft erhält.

Zu den raumluftabhängigen Feuerstätten im Wohnbereich gehören:

- Kohleöfen, Ölöfen;
- Kachelöfen, offene Kamine, Kaminöfen;
- Gas-Etagenheizungen, Gas-Durchlauferhitzer und Gasheizautomaten, auch dann, wenn nur die Zündflamme brennt;
- Kohleherde und Gasherde in der Küche.

Trockene Raumluft bei Zentralheizungen

Es wird recht oft behauptet: Zentralheizungen produzieren trockene Luft. Diese Aussage stimmt aber nicht oder nur sehr bedingt. Die Ursache für die Reizung der Schleimhäute sind nämlich nicht die Heizkörper, sondern die undichten Fenster, die zu viel kältere und trokkene Außenluft hereinlassen. Wird diese Luft erwärmt, dann sinkt die relative Luftfeuchtigkeit sehr stark ab, oft bis unter die Behaglichkeitsgrenze. Es kratzt dann im Hals, die Folge sind Erkältungskrankheiten. Der Beitrag der Heizkörper besteht darin, daß sie abgelagerten Staub trocknen, der dann in die Raumluft wirbelt.

Das Radonproblem in Wohnungen

Ein weniger bekannter Vorgang, der aber in manchen Berichten unnötig aufgebauscht wurde. Denn das Radonproblem ist im Grunde genommen ein Lüftungsproblem.

Radon ist ein radioaktives Edelgas, das sich beim Zerfall der chemischen Elemente Radium und Thorium bildet. Radon ist im Erdboden, in Natursteinen usw. sowie in allen Baumaterialien enthalten. Diese natürliche Radioaktivität gibt es seit Entstehung der Erde vor etwa 4,5 Milliarden Jahren. Also ist auch der Mensch seit jeher den damit verbundenen Auswirkungen ausgesetzt.

Radon in Gebäuden diffundiert aus dem Baustoff, gelangt in die Raumluft, wo es dann in einer sehr verdünnten Konzentration vorliegt. Diese Radioaktivität ist aber so gering, daß sie sich im allgemeinen nicht schädigend auf menschliches und tierisches Leben auswirkt.

Eine Voraussetzung hierzu ist allerdings, daß die Räume regelmäßig und ausreichend gelüftet werden. Sonst können die Radonwerte erheblich ansteigen, z. B. in einer Wohnung während der Urlaubszeit, wenn alle Öffnungen nach außen dichtgemacht worden sind.

Schachtlüftungen im Wohnungsbau

Nach dem Krieg haben sich im Geschoßwohnungsbau immer mehr innenliegende Bäder und Toiletten durchgesetzt. Die notwendige Luftversorgung erfolgt hierbei über Schachtlüftungen, von Anfang an mit natürlichem Auftrieb. Die Wirkung dieser Schachtlüftungen ist stark von den Witterungsverhältnissen abhängig. Ein spürbarer Luftwechsel tritt nur auf, wenn die Luft draußen kälter ist als drinnen, also im Winter und während der kühlen Übergangszeiten.

Die bekanntesten Schachtlüftungen sind:

Die **Kölner Lüftung** (Bild 52/3), bei der die Zuluft dem Freien entnommen und über einen Querkanal im Keller sowie über aufsteigende Schächte den innenliegenden Sanitärräumen im Fußbodenbereich zugeführt wird. Die verbrauchte Luft wird im Deckenbereich über den weitergeführten Lüftungsschacht abgezogen. Im Winter dringt die Zuluft mit sehr niedriger Temperatur in den Raum ein, was zu Zugerscheinungen führen kann.

Die **Berliner Lüftung** – auch Hamburger Lüftung – (Bild 52/1 und 52/2) hat nur Abluftschächte. Die Zuluft wird über einen Spalt an der Tür der Wohnung entnommen. Diese Luftführung bewirkt, daß auch die Luft in den Aufenthaltsräumen ständig erneuert wird, sofern genügend Außenluft nachströmt.

Hinzugekommen sind dann **Zentralentlüftungsanlagen** mit Ventilatorbetrieb, über die eine größere Anzahl innenliegender Räume durch einen über Dach geführten Schacht entlüftet werden. Die einzelnen Räume werden jeweils durch einen Nebenschacht angeschlossen. Die Zuluft wird wie bei der Berliner Lüftung aus dem Wohnungsflur entnommen.

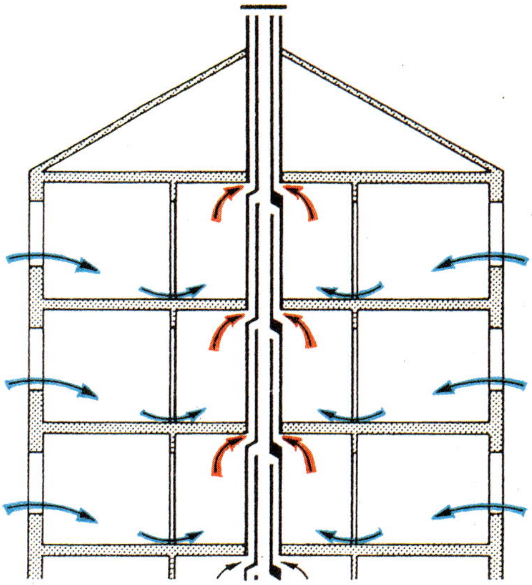

1 Sammelschachtanlage
System Berliner Lüftung

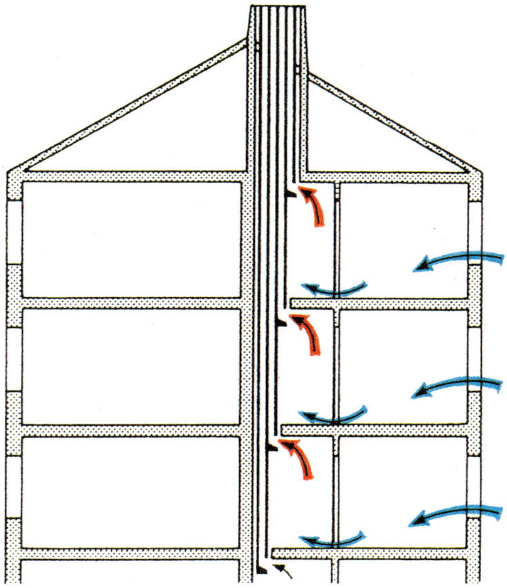

2 Einzelschachtanlage
System Berliner Lüftung

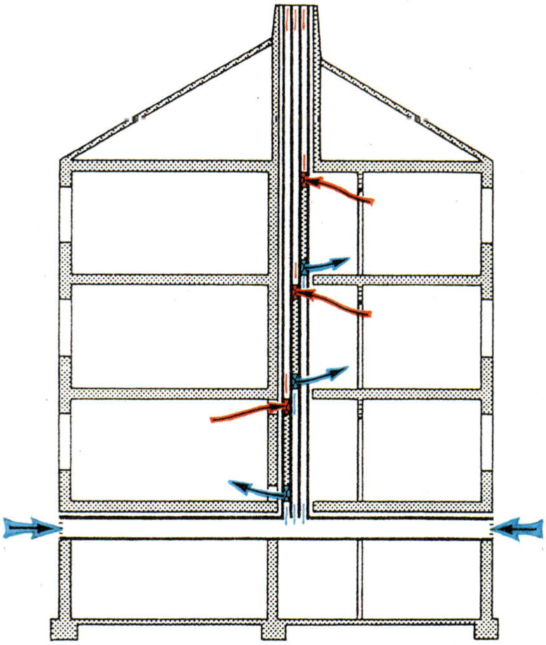

3 Einzelschachtanlage
System Kölner Lüftung

52 **Schachtlüftungen ohne Ventilator**
Quelle: RWE-Bauhandbuch

Mechanische Lüftungsanlagen für Wohnungen

Als besonders vorteilhaft erweist sich die *kontrollierte Wohnungslüftung*. Dabei wird die verbrauchte und schadstoffhaltige Luft über Küche, WC und Bad abgesaugt. Die Außenluft strömt dosiert durch selbstregulierende Luftdurchlässe in die Wohn- und Schlafräume nach. Aus der warmen Fortluft kann die Wärme zu einem beachtlichen Teil zurückgewonnen und damit die angesaugte Frischluft aufgeheizt werden. Ein Zuluftventilator führt die vorgewärmte Frischluft den Wohn- und Schlafräumen zu.

Außengeräusche führen zu keiner Belästigung in der Wohnung, denn es muß zum Lüften kein Fenster mehr geöffnet werden. Der Außenschmutz wird im Ansaugfilter festgehalten.

Bei einigen Systemen für Einfamilienhäuser besteht die Möglichkeit, durch einen entsprechenden Umschaltmechanismus den Luftaustausch der Wohnungsnutzung anzupassen, also z. B. den größten Teil der Luft tagsüber den Wohn- und nachts den Schlafräumen zuzuführen.

Die mechanische kontrollierte Wohnungslüftung mit Wärmerückgewinnung ist als die ideale Ergänzung zu der geforderten hohen Wärmedämmung anzusehen. Die motorisch betriebenen Lüfter haben darüber hinaus den Vorteil, daß auch eine ausreichende Belüftung beim Fehlen von Temperaturunterschieden oder bei Windstille möglich ist.

Die einfache Entlüftung (Seite 68/69) führt jedoch warme Luft nach draußen ab, ohne daß sie nutzbringend für die Erwärmung der Frischluft verwendet werden kann. Dies gilt auch für die heute in Mehrfamilienhäusern überwiegend ausgeführten Zentrallüftungsanlagen. Eine Anpassung der Luftleistung an die Nutzergewohnheiten in den verschiedenen Wohnungen ist bei dieser Ventilatorlüftung nur bedingt möglich. Es ist aber eine Zwangslüftung, die dafür sorgt, daß auch während der Abwesenheit der Bewohner eine ständige Lufterneuerung in der Wohnung stattfindet.

Küchenlüftung

Es ist die Aufgabe der Küchenlüftung, die Gerüche möglichst weitgehend zu beseitigen und gleichzeitig die Luftfeuchte und die Lufttemperatur in der Küche herabzusetzen. Außerdem muß sichergestellt sein, daß sich Küchengerüche nicht in umliegenden Räumen ausbreiten.

Um dies zu erreichen, ist in der Küche je nach Größe und Belastung ein sechs- bis zehnfacher Luftwechsel erforderlich; in Wohnräumen genügt in der Stunde ein ein- bis zweifacher Luftwechsel.

Während der Zubereitung der Mahlzeiten steigt ganz besonders die Luftfeuchte an. Wird dieser Wasserdampf nicht abgeführt, kommt es zu Kondensat, das sich auf den kühlsten Stellen des Küchenraumes niederschlägt. Dabei setzen sich auch die in der Raumluft schwebenden Fett-Teilchen ab und bilden Schmutzfilme.

Bei einer ausschließlichen **Fensterlüftung** empfiehlt es sich, die Küche zwischen den Kochzeiten gründlich zu entlüften. Wegen der größeren Feuchtigkeitsmenge ist beim Gasbetrieb eine längere Lüftungszeit nötig als beim Kochen auf Elektro- und Kohleherd.

Während der warmen Jahreszeit kommt es bei der Fensterlüftung vor allem auf die Einwirkung des Windes an, ebenso auf die Lage der Küche:

- Liegt die Küche auf der windberuhigten Hausseite, dann strömt die Küchenluft durch das geöffnete Fenster ab. Eine Querlüftung ist dann sehr gut möglich.
- Ist das Fenster der Küche aber dem Winddruck ausgesetzt, dann strömt die Außenluft herein und treibt den Küchendunst in die Wohnung, sofern er nicht über einen Abzugsschacht oder eine Außenöffnung abgeführt wird.

Sicherer ist es deshalb, die Küche mechanisch zu entlüften.

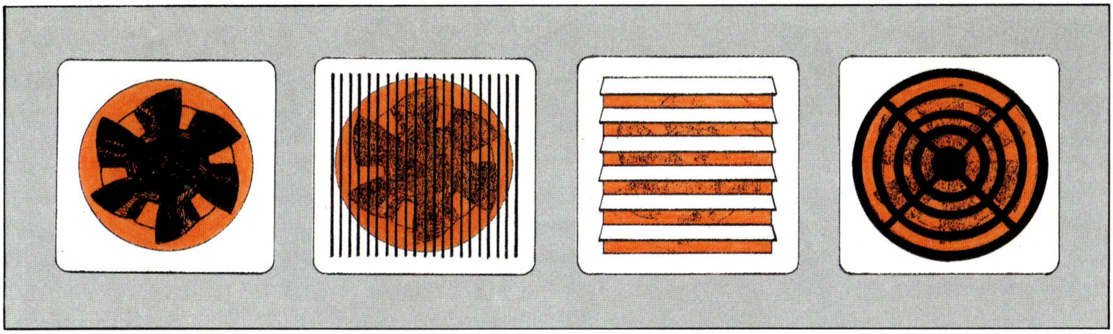

1 Hochleistungs-ventilator **2** Ventilator mit Schutzgitter **3** Wandventilator **4** Schachtventilator

53 **Ventilatoren** entlüften die Küche durch Absaugen der Raumluft. Dabei wird ein Unterdruck erzeugt, der das Ansaugen frischer Luft aus der Umgebung bewirkt. Der Ventilator kann in der Außenwand, im Fenster oder in einem Abluftschacht angebracht sein.

54 **Dunstabzugs- und Umlufthauben haben verschiedene Wirkung**

Dunstabzugshauben werden über der Kochstelle eingebaut, um die Küchendünste unmittelbar am Ort der Entstehung abzusaugen. Beträgt die abgesaugte Luftmenge etwa 200 Kubikmeter pro Stunde, ist eine fast vollständige Abführung der anfallenden Geruchstoffe sichergestellt.

Umlufthauben wälzen die Luft in der Küche nur um. Sie sehen zwar aus wie Küchenlüftungen, führen aber keine Luft ab, und sie beseitigen auch keine Luftfeuchtigkeit. Dagegen werden die Fett-Teilchen in einem Fettfilter festgehalten und die Geruchsstoffe zu etwa 70 Prozent beseitigt.

1 Elektroherd
Foto: AEG, Nürnberg

2 Elektro-Warmwasserspeicher
Foto: Vaillant, Remscheid

3 Elektro-Speicherheizgerät
Foto: E. Bauer, Bamberg

Vom Kachelofen wissen wir, daß er die Wärme für Stunden speichern kann. Moderne **Elektro-Wärmespeicher** folgen diesem Prinzip. Ihre Heizstäbe erhitzen einen Speicherkern, der von einer Wärmedämmschicht umgeben ist. Das Aufheizen des Speicherkerns erfolgt hauptsächlich nachts, wenn der Strompreis besonders günstig ist. Eine Aufladeautomatik sorgt dafür, daß sowohl die Witterung als auch die Restwärme im Gerät bei der nächsten Aufladung berücksichtigt werden. Elektro-Speicherheizungen sind also keine unvernünftigen Energieverschwender, wie sie oft hingestellt werden. Sie nehmen überwiegend nachts, wenn die Kraftwerke weniger beansprucht werden, den Strom für die Wärmespeicherung auf. Sie helfen, die Kraftwerke besser auszunutzen und somit wirtschaftlicher einzusetzen.

55 Elektro-Heizgeräte brauchen keine Verbrennungsluft

Feuchteschäden

Das Wasser hat es in sich:
Ohne Wasser kein Leben, ohne Wasser kein Bauen.

Wasser ist aber auch die Ursache zahlloser Bauschäden.

Feuchteschäden können oft heimtückisch sein. Sie werden meist erst dann erkannt, wenn der Schaden bereits sichtbar geworden ist. Außerdem kann sich Feuchtigkeit im Bauwerk ansammeln und aufschaukeln und mitunter erst nach Jahren bemerkt werden. Die „trockenen" Einwirkungen Wärme und Lärm verhalten sich dagegen anders. Der normale Wechsel zwischen Wärme und Kälte hinterläßt im allgemeinen keine Spuren am Bauwerk. Lärm wird oft als sehr störend empfunden, aber sobald der Lärmerzeuger schweigt oder vorbeigefahren ist, gibt es Ruhe.

Es ist meist nicht einfach festzustellen, wo die Feuchtigkeit in einem Gebäude herkommt. Es kann sich um Bodenfeuchtigkeit oder Grundwasser handeln, wenn z. B. die feuchtigkeitssperrenden Schichten fehlen oder nicht in Ordnung sind. Das Dach kann undicht, Rohrleitungen können schadhaft sein. Aber die häufigsten Feuchteschäden entstehen durch flüssig gewordenen Wasserdampf im Innern der Konstruktionen oder als Tauwasserniederschlag auf den Oberflächen von Bauteilen und Einrichtungen. Mit Schäden, die von dieser Art von Feuchtigkeit herrühren, wollen wir uns näher befassen.

Sichtbare Feuchteschäden

Tauwasser auf wasserabweisenden oder wasserdichten Schichten, wie z. B. Fensterscheiben, Spiegeln, Fliesen, dichten Anstrichen usw. ist zwar unangenehm, läßt sich aber ohne Schaden für die Materialien leicht entfernen.

Außerdem ist dies ein Signal zu lüften, um die zu feuchte Raumluft zu entfernen. Erfolgt der Tauwasserniederschlag jedoch auf mehr oder minder saugfähigen Bauteiloberflächen, ist dies kritischer. Es bilden sich keine Wassertröpfchen, man sieht den Feuchtigkeitsniederschlag noch nicht.

- Zunächst zeigen sich dunkle Verfärbungen, hervorgerufen durch Staub, der sich auf feuchten Flächen ablagert und dort haften bleibt.
- Dann: Ablösen von Tapeten und Abblättern von Anstrichen, besonders in Raumecken.
- Putz und Mörtel verlieren ihre Festigkeit und bröckeln ab.
- Die Bildung von Schimmel setzt ein. Zuerst sind es einzelne Pünktchen, die aber bald zu einem dichten Schimmelrasen wachsen können. Dazu kommt ein immer stärker werdender Modergeruch.

Gefährdet sind vor allem unzureichend gedämmte Bauteile, wie z. B. Schwerbetonstürze, Deckenkanten, Ringanker, Betonpfeiler, Zementmörtelfugen und dergleichen. Hölzerne Bauteile, wie Fußböden und Wandbekleidungen, können sich werfen und verziehen.

Indirekte Feuchteschäden

- Gesundheitliche Schäden, wie Allergie-Erkrankungen der Atemwege und der Haut, Rheuma und Asthma.
- Unbehagliches Raumklima, das auch nicht durch erhöhtes Heizen beseitigt werden kann.
- Schäden an Ausstattungen und Mobiliar, Verderben von Lebensmitteln.
- Erhöhter Heizaufwand, wenn die Bauteile infolge Feuchtigkeit eine verminderte Wärmedämmung aufweisen.

Wärmebrücken sind Schwachstellen

Wärmebrücken sind ungenügend gedämmte Bereiche in Bauteilen (Wände, Decken usw.). An den Wärmebrücken entsteht ein erhöhter Wärmeverlust. Aber was noch schlimmer ist, an diesen Schwachstellen ergeben sich geringere Oberflächentemperaturen mit der Folge, daß sich im Bereich der Wärmebrücke Tauwasser bilden kann. Die normalen Bauteiloberflächen bleiben dagegen meist trocken.

Feuchte Stellen ziehen Staub an, so daß die Wärmebrücke sich abzeichnet. Zuerst sind es Nachdunkelungen, die immer schwärzer werden. Wird dagegen nichts unternommen, kommt es zu Pilzbefall.

Die raumseitige Oberflächentemperatur von Außenbauteilen – und damit auch von Wärmebrücken – hängt aber nicht nur von der Wärmedämmung ab, sondern auch vom inneren Wärmeübergang. Je stärker die Luftbewegung vor einer Innenoberfläche ist, um so mehr nähert sich die Oberflächentemperatur der Raumtemperatur an. Das ist auch der Grund, warum man im Winter Ventilatoren an Schaufensterscheiben aufstellt, um ein Beschlagen der Scheiben zu vermeiden.

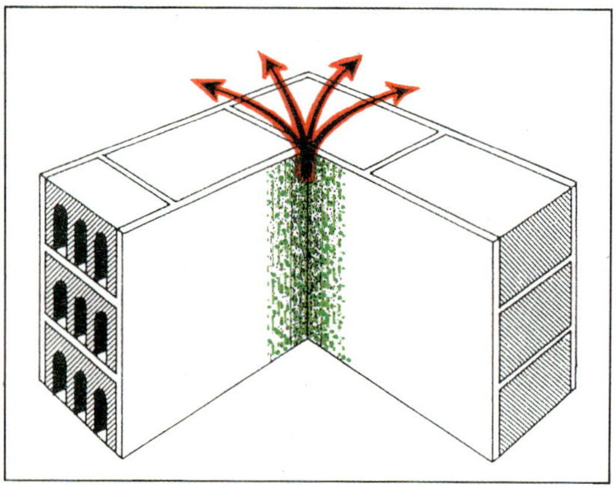

56 **Außenecken** beim Mauerwerk mit Mindest-Dämmwert sind besonders gefährdet. Vorschläge zur Beseitigung derartiger Wärmebrücken siehe Seite 92.

Gefährdete Raumecken

Der Raumecke bei einer Gebäude-Außenecke liegen um ein Vielfaches größere Außenflächen gegenüber (Bild 56). Dadurch ergibt sich ein verstärkter Wärmeentzug im Bereich der Ecke. Die Eckentemperatur ist gegenüber der normalen geraden Wand um 4 bis 5 °C niedriger. Die unangenehme Folge davon: In der Ecke kann sich Tauwasser bilden, bevor die gerade Wand befeuchtet wird. Wenn dann noch große Möbel in der Ecke stehen, stagniert die Luft. Die Oberflächentemperatur wird dadurch noch weiter herabgesetzt – in ungünstigen Fällen bis zu 7,5 °C –, und es kann sehr bald zu Schimmelbildung kommen.

57 **Gebäude mit vielen Außenecken,** die alle Schwachstellen sein können.
Je gegliederter ein Bauwerk ist, um so größer ist der Anteil der Räume mit Gebäudeaußenecken.

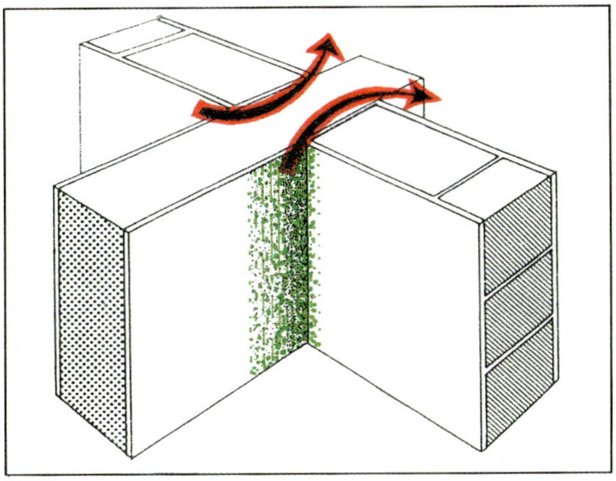

58 Durch die Außenwand gehende schwere Stahlbetonwände findet man mitunter bei Reihenhäusern, die bald nach dem letzten Krieg gebaut wurden. Dabei wurde die sogenannte *Schottenbauweise* verwirklicht. Die Geschoßdecken sind dann von Querwand zu Querwand gespannt, und die Außenwände aus Leichtsteinen sind dazwischengemauert.

Die schwere Haustrennwand ist für den Luftschallschutz sehr günstig. Sobald sie aber nach außen durchgeht und dort sogar noch über die normale Außenwandflucht vorsteht, wirkt sie als enorme Wärmebrücke.

59 Besonders stark vorspringende Wandscheiben bei einer Reihenhausgruppe aus den 60er Jahren. Die lange Wohnhauszeile ist dadurch klar in die einzelnen Hausbereiche getrennt. Sind die Vorsprünge nicht aus Beton, sondern aus Mauerwerk ausgeführt, dann ist der Wärmebrückeneffekt sehr gering.

60 Für die in die Außenwand einbindende Querwand bringt die Innendämmung keine Verbesserung. Im Gegenteil, in der Raumecke ergibt sich eine verstärkt wirkende Wärmebrücke.

Zur vollen Wirksamkeit der Innendämmung ist es deshalb erforderlich, auch die Flanken der einbindenden Querwände in den zusätzlichen Wärmeschutz einzubeziehen (RWE-Bauhandbuch, Seite 47).

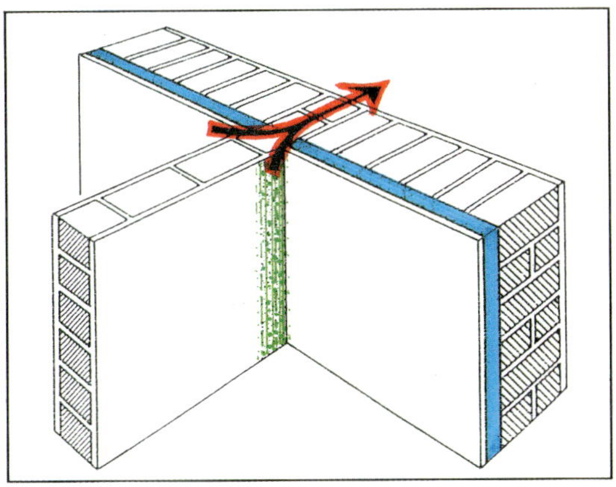

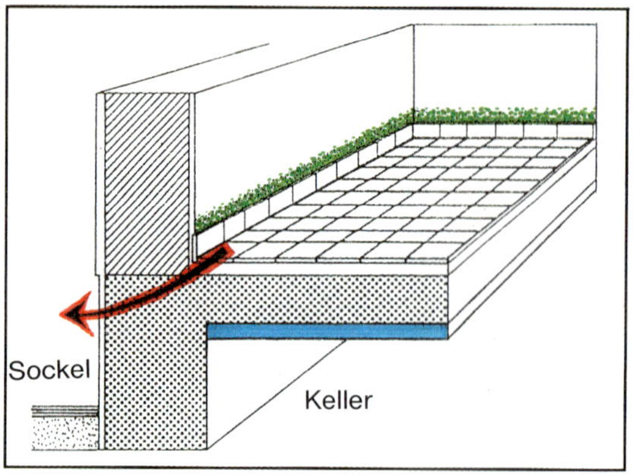

61 Massivdecken über Kellern können im Bereich der äußeren Auflager enorme Wärmebrücken sein. Besonders kritisch wird es, wenn der Fußbodenaufbau selbst nicht wärmedämmend ist, wie z. B. ein direkt auf die Decke aufgebrachter Fliesenbelag. Die Wärmebrückenwirkung kann auch nicht durch die unterseitige Dämmung der Kellerdecke verhindert werden.

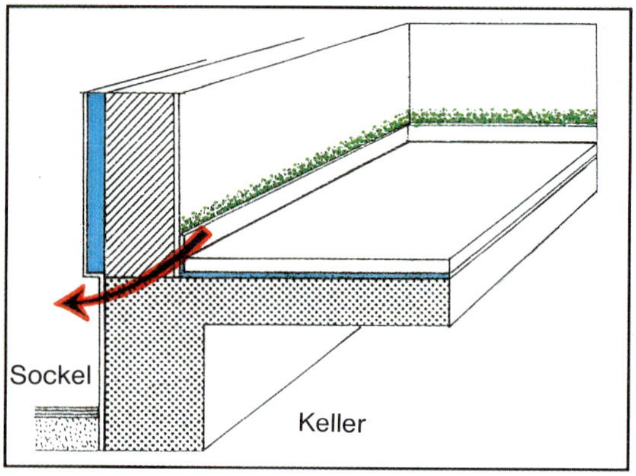

62 Der untere Rand der sicherlich gut gemeinten Außendämmung kann nicht immer mit der *optischen* Sockellinie zusammenfallen. Die Dämmschicht muß meist noch einen Teil des Sockelbereichs abdecken. Zur Vermeidung von Wärmebrücken sollte die Außendämmung mindestens 20 cm über Unterkante Kellerdecke greifen.

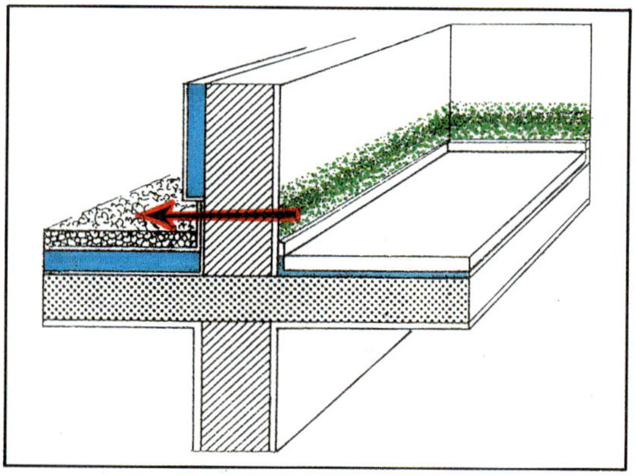

63 Sofern die Außendämmung nur bis Oberkante Terrassen- oder Flachdachsockel reicht, können sich im Sockelbereich – besonders bei Außenwänden mit minimalem Dämmwert – Wärmebrücken ergeben. Die äußere Dämmung sollte deshalb konsequent bis zur Terrassen- oder Flachdachdämmung herabgeführt werden.

Zwei Vorschläge zur örtlichen Beseitigung unterer Wärmebrücken siehe Seite 96.

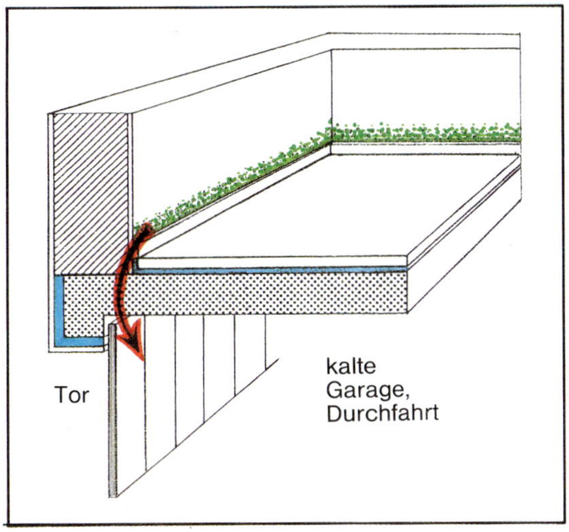

64 Unbeheizte Garagen und Durchfahrten – auch wenn sie mit Toren geschlossen sind – erreichen im kalten Winter Minustemperaturen, die nur wenige Grad über der Außentemperatur liegen. Die Raumwärme will dann zu dieser kälteren Seite hin entweichen. Zur Verhinderung von Wärmebrückenerscheinungen im Sockelbereich der Wohnung ist die Dämmung des Torsturzes allein unzureichend.

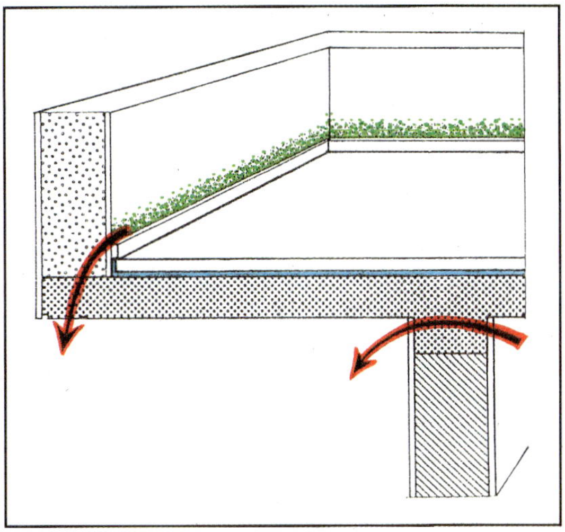

65 Auskragende Bauteile ohne äußere Dämmung wirken als enorme Kühlrippen. Sie entziehen besonders gierig die Raumwärme aus dem Sockelbereich des darüber liegenden Wohnraumes. Außerdem wird der Fußboden über der ungedämmten Tragplatte stark abgekühlt. Zur sicheren Vermeidung dieser Nachteile müßte die Tragplatte an ihrer Unterseite und der äußeren Deckenkante gut gedämmt werden.

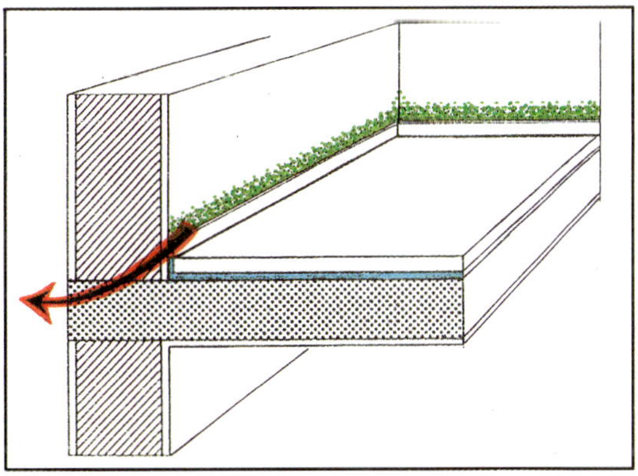

66 Sichtbetongurte werden meist aus architektonischen Gründen ausgeführt, um bei einem Gebäude die waagrechte Erscheinung zu betonen (Bild 75, S. 80). In diesem Bereich ergibt sich aber ein erhöhter Wärmeentzug. Über den Sokkelleisten zeigen sich Nachdunkelungen, in ungünstigen Fällen kommt es zu Schimmelbefall.

67 Die ringsum auskragende Balkonplatte, aber auch das Gesims des Flachdaches – sofern es massiv ausgeführt ist – sind enorme Wärmebrücken. Diese Erscheinung ist auch bei sonst gut gebauten Häusern recht häufig anzutreffen.

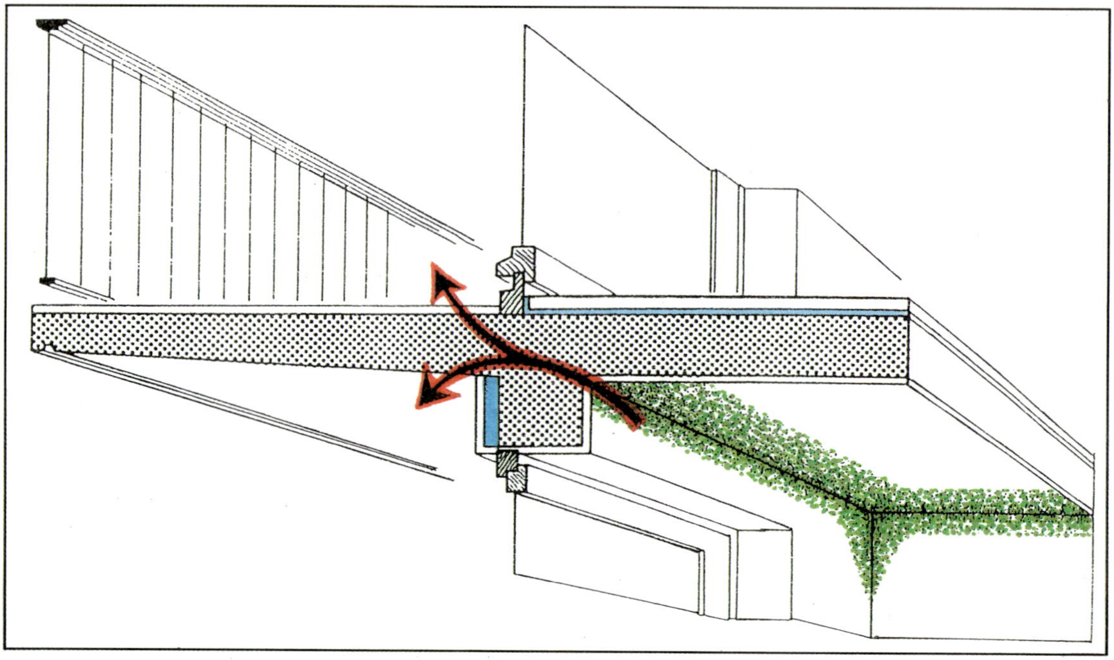

68 Balkonplatten als auskragender Teil einer Geschoßdecke sind besonders bedenkliche Wärmebrücken. Die als Kühlrippe wirkende große Außenoberfläche verursacht erhebliche Wärmeverluste. Außerdem kommt es zu Nachdunkelungen und mitunter auch zu Schimmelbildung in der oberen Raumecke, auch in sonst gut gepflegten Wohnungen. Diese Wärmebrükken bleiben auch bestehen, wenn das Haus mit einer die gesamte Außenwand einnehmenden Außendämmung versehen ist. Die Schadensstellen treten dann zwar nicht mehr so sehr im Wandbereich, um so mehr aber im Deckenbereich in Erscheinung.

Maßnahmen zur Beseitigung derartiger Wärmebrücken zeigt Bild 97 auf Seite 93.

69 Hinsichtlich der Benutzung sind die vielen Balkone günstig angeordnet. Der Wärmebrükkeneffekt ist aber unvermeidlich, da derartige Eckbalkone immer auskragende Deckenplatten sind.

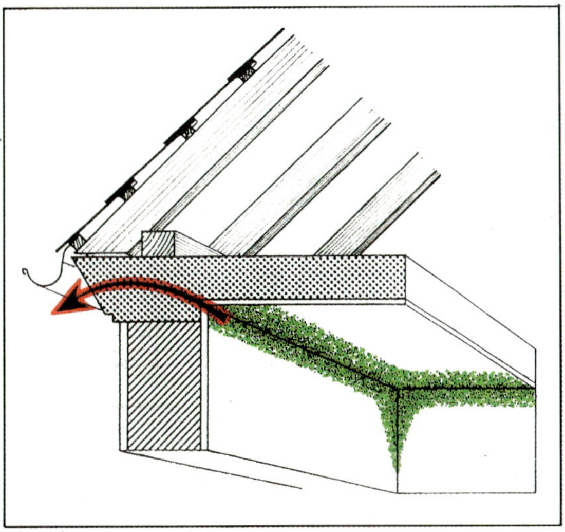

70 Das zusammen mit der Decke betonierte Gesims ist in rein konstruktiver Hinsicht eine solide Ausführung. Bauphysikalisch beurteilt aber eine enorme Wärmebrücke und damit eine sehr schlechte Lösung.

71 Das sichtbare, leicht profilierte Gesims in Verbindung mit der obersten Geschoßdecke ist ein Relikt aus dem Bauen vor dem Krieg und in der ersten Nachkriegszeit. Wer erkannte damals die erhebliche Wärmebrücke mit allen damit verbundenen Nachteilen?

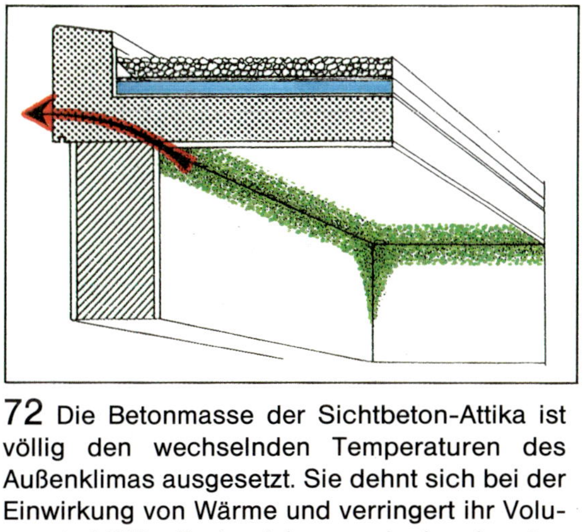

72 Die Betonmasse der Sichtbeton-Attika ist völlig den wechselnden Temperaturen des Außenklimas ausgesetzt. Sie dehnt sich bei der Einwirkung von Wärme und verringert ihr Volumen bei Kälte. Dadurch kann es in der obersten Raumecke zu Abrissen kommen. Zum Ausgleich dieser Spannungen wäre ein Gleitlager vorteilhaft.

73 Attikagesimse in Sichtbeton hat es in den 60er Jahren recht häufig gegeben. Aber nicht alles, was sich als gute werkgerechte Ausführung zeigt, ist auch bauphysikalisch in Ordnung. Vor allem entsteht in der oberen Raumecke ein großer Wärmeverlust mit den bekannten Nachteilen. Da nutzt auch eine noch so dicke Dämmung der Dachfläche nichts.

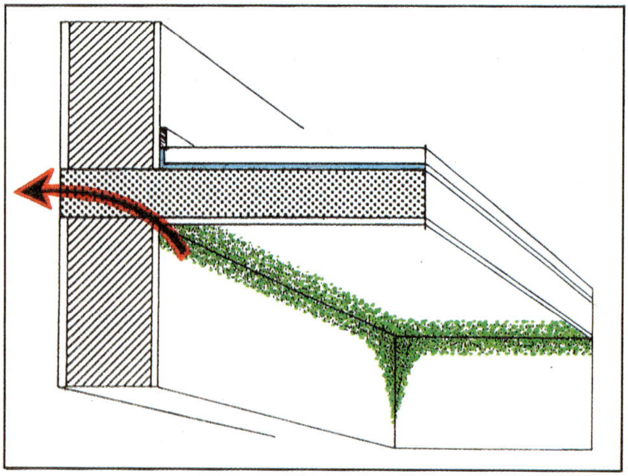

74 **Deckenauflager mit Sichtbetongurten**
Es ist konstruktiv richtig, wenn die Stahlbetondecke voll auf der Wand aufliegt. Dabei geht aber sehr viel Wärme verloren. In der oberen Raumecke ergeben sich Nachdunkelungen, in ungünstigen Fällen mit anschließendem Schimmelbefall.

75 Sichtbetongurte wirken sich bei oberen Raumecken noch nachteiliger aus als bei unteren Raumecken (Bild 65).

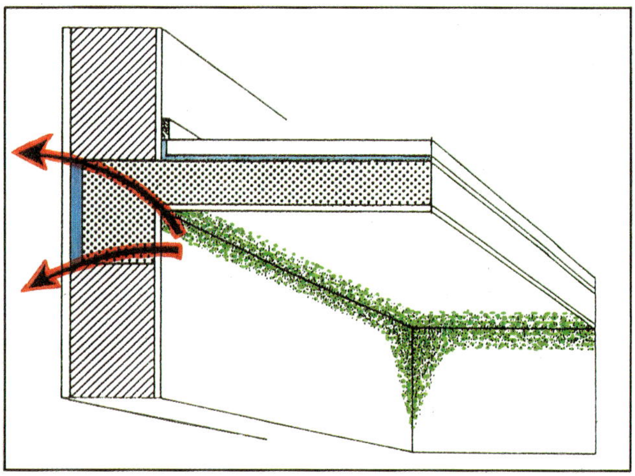

76 **Deckenauflager bei Putzfassaden**
Eine sehr häufig vorkommende Wärmebrücke. Der Planer hat es zwar gut gemeint und eine Dämmplatte an der Außenseite der Betonteile vorgeschrieben. Sie verhindert den Wärmeentzug jedoch nur teilweise.

77 An der Fassade sind Putzabrisse (rote Striche) im Bereich des Deckenauflagers zu befürchten. Abhilfe schafft hier eine durchgehende Außendämmung.

78 Staubfugen bei Leichtmauerwerk

Bei Leichtmauerwerk (Bims, Gasbeton, Leichtziegel usw.), das mit normalem (schwerem) Mauermörtel erstellt ist, bilden die Mörtelfugen Wärmebrücken, die sich auf der Raumseite als Staubfugen abzeichnen. Es wäre besser gewesen, für die Aufmauerung einen Leichtmörtel zu verwenden, dessen Wärmedämmwert dem der Steine angepaßt ist.

Wärmebrücken als Staubstreifen

Damit die Staubstreifen optisch nicht in Erscheinung treten, sollten derartige Flächen mit einer Depron-Dämmtapete in 6 mm Dicke verkleidet werden. Abhilfe schafft auch eine ordnungsgemäß aufgebrachte Innendämmung mit dickeren Dämmplatten. Durch Überstreichen oder Übertapezieren können Staubstreifen und nachgedunkelte Flächen nicht beseitigt werden, sie kommen garantiert immer wieder.

Staubfugen bei Innendämmungen

Staubstreifen können sich auch über den Fugen von Dämm- oder Verkleidungsplatten bei Innendämmungen bilden. Die mehr oder minder breiten Fugen zwischen den Dämmplatten besitzen einen geringeren Wärmedämmwert gegenüber der vollgedämmten Wand. Die Folge sind geringere Temperaturen über den mit Mörtel oder Spachtelmassen geschlossenen Fugen. Darauf schlägt sich Tauwasser nieder, das beim Abtrocknen Staubteile bindet.

79 Staubstreifen bei Stahlbetondecken

z. B. bei Geschoßdecken unter einem Dachraum. Im Bereich der Betonbalken ist die Wärmedämmung ungenügend. Es bildet sich Tauwasser, das den Schmutz festhält (Staubstreifen). Sporen- und Schimmelbefall können folgen.
Abhilfe:

a) Dämmung der Deckenoberseite

b) Dämmtapete in 6 mm Dicke auf der Deckenunterseite oder eine abgehängte Zwischendecke.

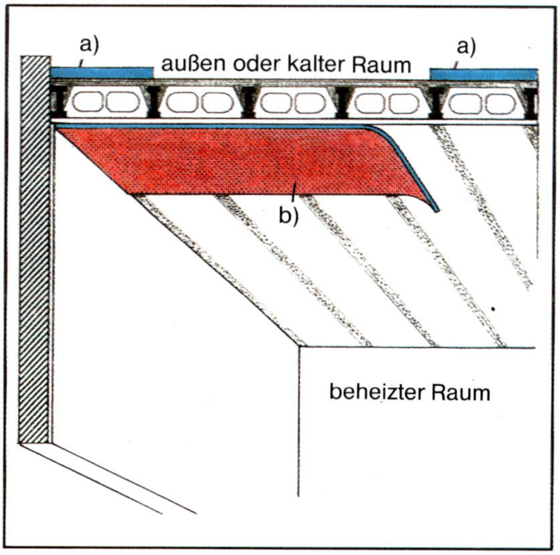

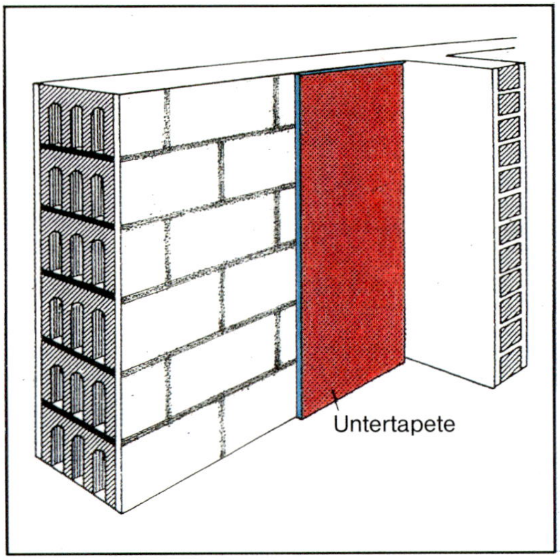

80 **Staubfugen bei Leichtmauerwerk**

Abhilfe: Die Wand mit einer Depron-Dämmtapete in 6 mm Dicke verkleiden. Darauf kann direkt tapeziert werden.

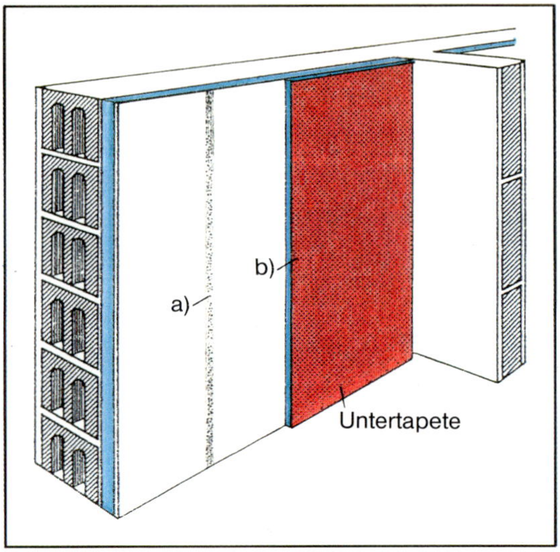

81 **Staubfugen am Plattenstoß von Innendämmungen**

Abhilfe:

a) Fugen auskratzen und ggf. etwas konisch nachschneiden. Den Spalt ausschäumen oder Dämmstoffstreifen einpressen. Für Anstriche zuvor eine Rauhfasertapete kleben.

b) 6 mm dicke Depron-Dämmtapete kleben. Darauf kann direkt tapeziert werden.

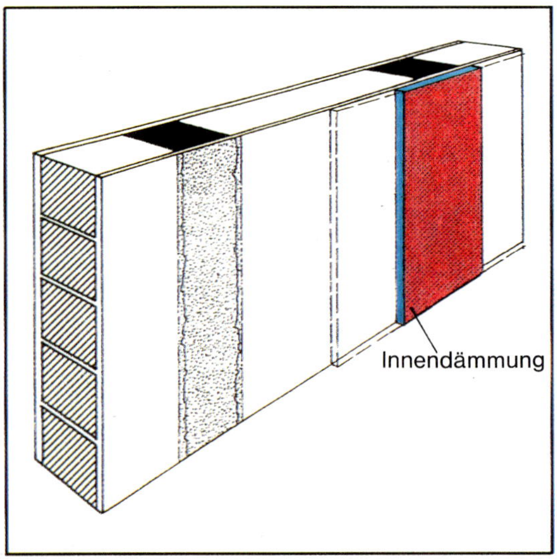

82 **Ungedämmte Stahlbetonpfeiler als Wärmebrücken**

Wegen der unterschiedlichen Ausdehnung von Beton und Mauerwerk kommt es außerdem an den Anschlußstellen zu Putzabrissen.
Abhilfe:
Beseitigung der Wärmebrücke durch eine Innendämmung. Als Teildämmung muß sie mindestens 20 cm über die Pfeilerbreite greifen. Besser wäre eine Außendämmung, die gleichzeitig auch die Rißgefahr beseitigt.

Durch Raumluftfeuchte gefährdete Bereiche

Tauwasser beim Anheizen kalter Räume

Beim Anheizen eines Raumes steigt die Raumlufttemperatur ziemlich rasch an. Die Oberflächen der Wände, Decken usw. erwärmen sich dagegen wesentlich langsamer. Auf kühlen, nichtsaugenden Flächen (Fliesen, dichte Anstriche, Spiegel usw.) bildet sich sichtbares Tauwasser. Erst einige Zeit nach Beginn des Heizens, wenn die Flächen genügend warm geworden sind, hört dieser Tauwasseranfall auf.

Man sollte deshalb nur gelegentlich beanspruchte Räume etwa eine Stunde vor Benutzung aufheizen. Dies gilt besonders für Bäder, in denen dann weiterhin noch recht große Mengen an Wasserdampf produziert werden.

Richtige Belüftung von Kellerräumen

Wenn ein Keller feucht ist, muß es nicht unbedingt an undichten Wänden und Böden oder an schadhaften Wasserleitungen liegen. Meist ist die Ursache in der falschen Belüftung zu suchen.

Man meint es gut, wenn man Kellerräume an warmen Tagen lüftet, um sie zu trocknen. Die von außen einströmende warme Luft mit ihrer hohen Luftfeuchtigkeit trifft auf die kalten Wände und Böden, sie wird abgekühlt und es bildet sich Tauwasser. Wenn dann zur Nacht die Fenster noch geschlossen werden, kann diese Feuchte nicht entweichen. Dadurch kann es zu ernsthaften Bauschäden und zu Schäden am eingelagerten Gut kommen. Deshalb soll ein Keller nur gelüftet werden, wenn die Außenluft kühler als die Raumtemperatur ist. Während des Sommers also in der Nacht und im Winter ohne Einschränkung.

Feuchtigkeit in Schlafräumen

Schlafräume sind im Grunde genommen Feuchträume, um so mehr, je ungenügender sie beheizt und gelüftet werden.

Der schlafende Mensch verliert bis zu einem halben Kilogramm Gewicht pro Nacht, und zwar ausschließlich durch Wasserverlust infolge Atmung und Transpiration. Dadurch wird der Sättigungsgehalt für die Raumfeuchte bereits nach einigen Stunden erreicht.

Schlafräume sollten aber vielmehr noch aus hygienischen Gründen während der Nacht ausreichend gelüftet werden. Dies ist notwendig, damit der durch die ausgeatmete Luft entstehende Kohlendioxidanteil einschließlich der Riechstoffe und Körperausdünstungen entfernt und durch sauerstoffreiche Frischluft ersetzt wird.

Viele Menschen leben nach der Devise: Kühl schlafen ist gesund, und weniger heizen spart teure Energie. Nach diesem Grundsatz wird abends die Tür zum beheizten Wohnbereich eine Weile geöffnet, damit das Schlafzimmer ein bißchen überschlagen wird. Dabei strömt warme Luft in das kalte Schlafzimmer, Luft, die mit Wasserdampf geladen ist. Der Wasserdampf kann sich dann an kalten Oberflächen niederschlagen. Besonders gefährdet sind in dieser Hinsicht gefangene Räume, das heißt Räume, die nur über einen anderen Raum zu betreten sind.

Deshalb ein sehr wichtiger Hinweis: Türen zu weniger beheizten Räumen sind nach Möglichkeit geschlossen zu halten. Die Temperierung des Schlafraumes ist Aufgabe des örtlichen Heizkörpers. Wird ein Schlafraum trotz dieser sehr ernsten Bedenken in der kalten Jahreszeit nicht oder nur sehr gering beheizt, dann muß am nächsten Morgen um so gründlicher gelüftet werden.

Tauwasser auf kalten Fußböden

In älteren Wohnhäusern sind die Fußböden über Erdreich meist ohne Wärmedämmung ausgeführt. Die Folge davon ist, daß sich auf ihrer gesamten Oberfläche Tauwasser niederschlagen kann. Und dies ausgerechnet im warmen Sommer. Hierzu die Erklärung: Wird in einem solchen Raum warme Außenluft mit einer Temperatur von 25 °C und einer relativen Feuchte von 70 Prozent hereingelassen, dann hat diese Luft ihren Taupunkt bereits bei 19 °C. Wird diese Temperatur unterschritten, kondensiert Wasserdampf aus und schlägt sich auf dem auch im Sommer kühlen Fußboden nieder. Der so entstehende Wasserfilm kann Schäden an Bodenbelägen verursachen, wie z. B. Quellen und Aufwölben von Holzböden, Verwerfen und Schrumpfen von Teppichböden.

Zur dauerhaften Behebung dieses Mißstandes muß die Wärmedämmung des Fußbodens entsprechend verbessert werden. Zugegeben, bei den heutigen Baupreisen eine recht teure Angelegenheit.

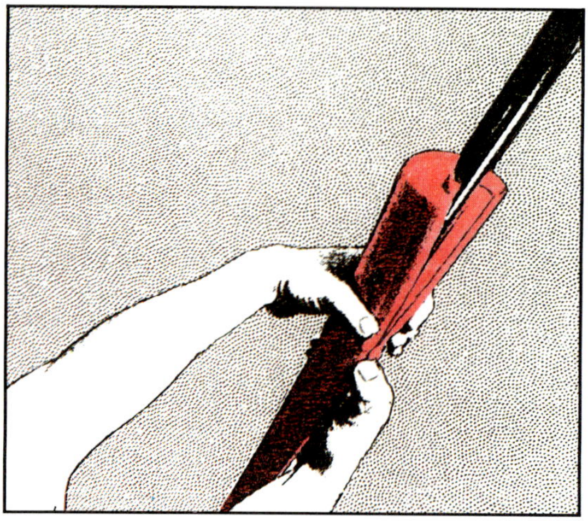

83 Tauwasser an Kaltwasserleitungen

Daß sich an Kaltwasserleitungen ohne Dämmung Tauwasser bildet, ist eine sehr bekannte Erscheinung. Die Temperatur des kalten Wassers beträgt oft nur 10 bis 12 °C. Bei einer Lufttemperatur im Kellergeschoß von 22 °C – was während der warmen Jahreszeit recht häufig vorkommt – entsteht Tauwasser bereits bei einer relativen Luftfeuchte von etwa 45 Prozent. Kaltwasserleitungen sollten, auch wenn keine Gefahr des Einfrierens besteht, stets eine minimale Dämmung zur Verhütung von Tauwasser erhalten.

84 Raum-Entfeuchter

Der Raum-Entfeuchter besteht aus einem transparenten Auffangbehälter und einer daraufgesetzten, siebähnlichen Halbkugel. Das darin enthaltene Granulat entzieht der Luft Feuchtigkeit, die sich im Auffangbehälter sammelt. Die Granulat-Füllung reicht je nach Luftfeuchtigkeit zwei bis vier Monate.
Foto: 3M Deutschland GmbH, Neuss

Mit diesem Gerät kann lediglich die Luft entfeuchtet werden. Die dauernde Vermeidung und vor allem die Beseitigung von Feuchteschäden bleibt davon unberührt.

85 Einbauschrank direkt an der Außenwand

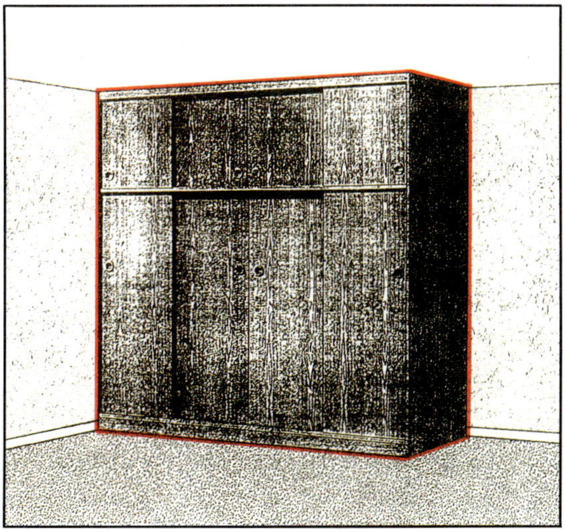

Möbel an der Außenwand ohne ausreichende Umlüftung wirken wie überdimensionierte Innendämmungen. Dabei wird der normalerweise in der Wand liegende Taupunkt, und somit auch die kondensierte Feuchtigkeit, auf die Innenseite der Außenwand gezogen. In besonders ungünstigen Fällen kann der Taupunkt sogar in den Schrank hineinverlegt werden. Die im Schrank hängenden Kleidungsstücke werden zunächst durchfeuchtet. Dann entsteht Modergeruch: Man riecht den Schaden.

Wenn Möbel an Außenwänden aufgestellt werden müssen, z. B. weil der Raum keine andere Möblierung zuläßt, sind diese genügend weit von der Wand abzurücken, damit sie ausreichend von Raumluft umspült werden können.

Mit dem Abrücken der Möbel von der Wand ergibt sich noch ein weiterer Vorteil. Die massive Wand kann nunmehr als Wärmespeicher genutzt werden, weil erwärmte Raumluft an ihrer Oberfläche vorbeistreicht.

86 Einbauschrank mit Umlüftung

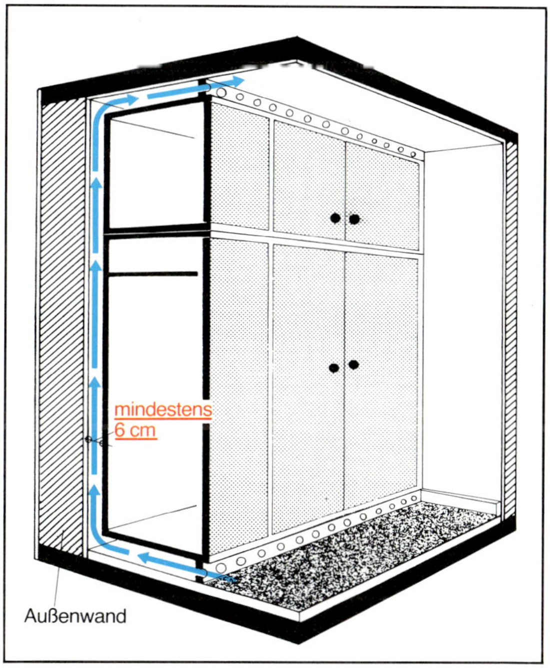

Raumhohe Einbauschränke sind besonders gefährdet. Im Sockel und in der oberen Randleiste sind wegen der Umlüftung ausreichend große Bohrungen oder Schlitze anzubringen. Der Wandabstand sollte mindestens 6 cm betragen. Dann kann die Raumluft im Sockelbereich eintreten, den Hohlraum zwischen Schrankrückseite und Wand durchströmen und im oberen Bereich wieder in den Raum austreten.

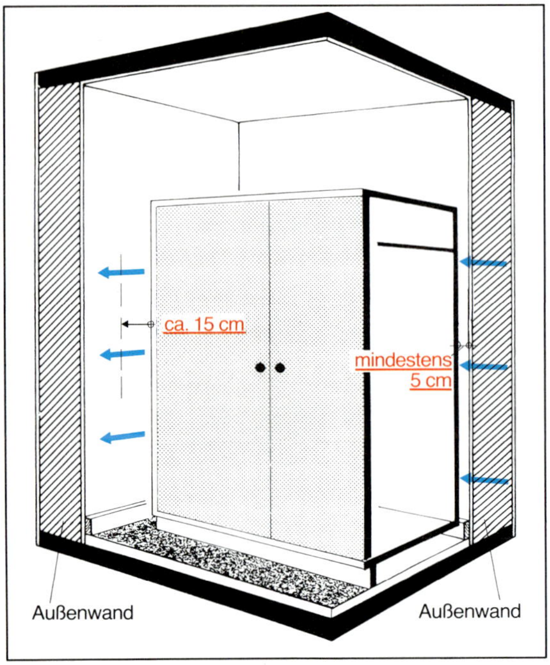

87 In einer Außenecke stehender Schrank

Bei dieser recht häufig vorkommenden Situation ergeben sich gleich zwei Probleme:

- Der dicht an der Außenwand stehende Schrank wirkt wie eine überdimensionierte Innendämmung, so wie bereits beschrieben.
- Die zugestellte Raumecke ist als Wärmebrücke gefährdet.

In beiden Fällen handelt es sich um recht heimtückische Erscheinungen. Beim Betreten des Raumes riecht man zunächst den Schimmel- und Modergeruch. Die hinter dem Schrank versteckt liegende Wärmebrücke wird jedoch oft nicht sofort entdeckt. Zur Vermeidung solcher Schäden muß der Schrank genügend von der Außenwand und der Ecke abgerückt werden.
Auf diese Weise können auch die Wandoberflächen hinter aufgezogenen (verkofferten) schweren Fenstervorhängen feucht werden, besonders wenn dieses *Dämmpaket* dicht an der Wand anliegt.

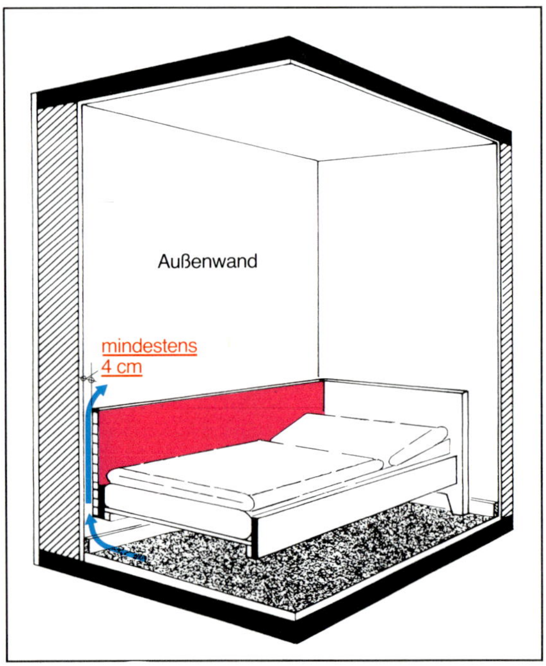

88 Bett mit der Längsseite an einer Außenwand

An Außenwänden mit einem minimalen Dämmwert sollte man Betten möglichst nicht längs aufstellen. Es ist nicht nur die dabei entstehende Wärmebrücke, die nachteilig ist. Auch der Schlafende wird infolge dieses verstärkten Entzugs von Körperwärme gesundheitlich sehr beeinträchtigt. Sofern der Raum keine andere Möblierung zuläßt, sind solche Betten genügend von der Außenwand abzurücken. Der Schlafende ist durch eine Holzwand – praktisch einem *Wärmeschild* – gegen die kalte Außenwand abzuschirmen.

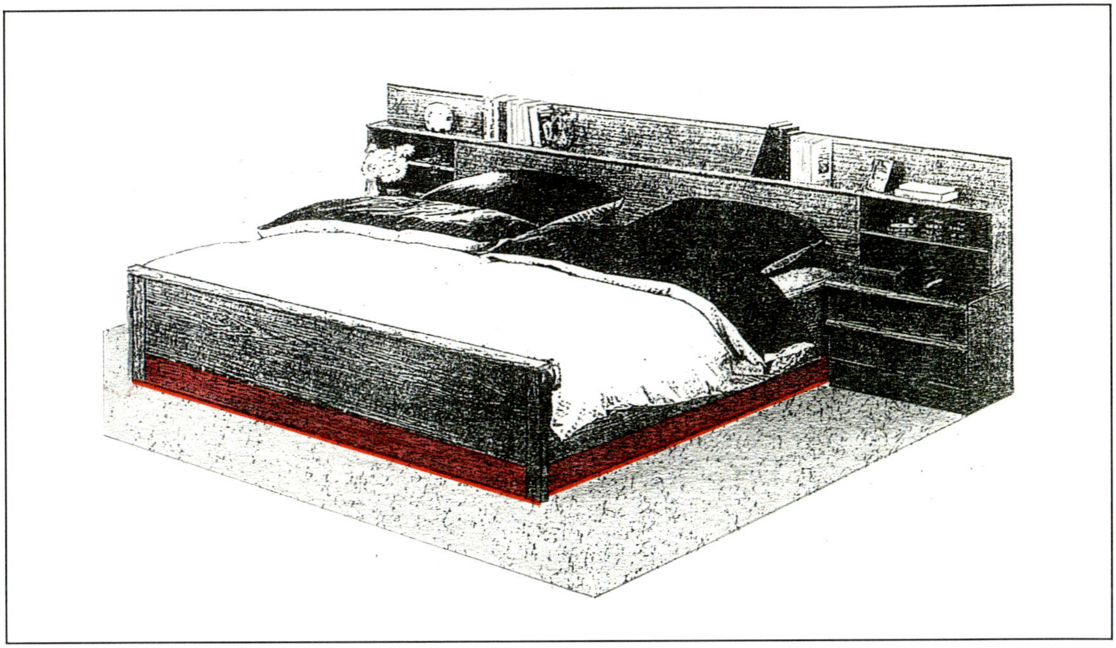

89 **Kastenmöbel auf kalten Fußböden**

Früher hatten die Betten Füße, damit die Luft das Bett umspülen konnte. Heute gibt es Betten mit durchgehenden Sockelkästen, die eine Unterlüftung verhindern.

Mitunter werden solche Kastenbetten sogar angeschafft, um eine Abschirmung gegen kalte Fußböden in Räumen über offenen Durchfahrten oder ungeheizten Garagen zu erzielen. Diese Überlegung ist aber ein Trugschluß. Das Kastenbett hat – ähnlich wie der Einbauschrank in Bild 85 – ebenso die Wirkung einer Innendämmung. Die im Bettkasten untergebrachten Wäschestücke werden ebenfalls feucht.

Abhilfe:

Die Wärmedämmung des Fußbodens verbessern oder Betten mit Füßen aufstellen und den Raum ausreichend heizen und lüften.

90 **Hängeschrank und große Bilder an einer Außenwand**

Wird an einer Außenwand mit Mindestdämmwert ein Hängeschrank oder ein größeres Bild aufgehängt, so kann die Raumluft die dadurch abgedeckte Wandoberfläche nicht bestreichen. In ungünstigen Fällen kann es zu Durchfeuchtungen in diesem Bereich kommen, wodurch auch das Bild selbst Schaden erleidet. Deshalb sollte man großflächige Bilder an der Außenwand mittels Distanzscheiben oder dergleichen leicht von der Wand abheben, damit die Raumluft etwas hinterströmen kann.

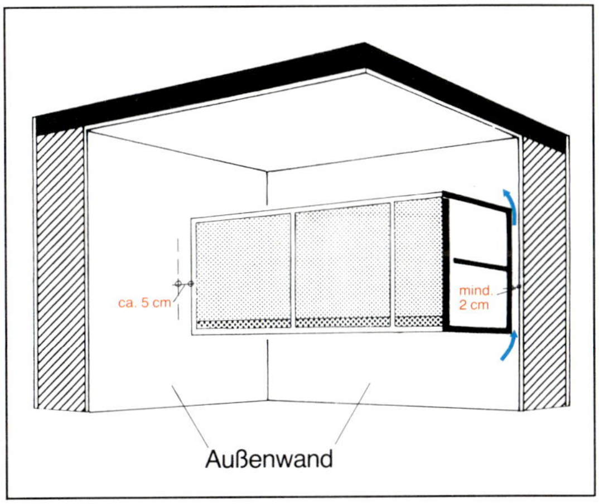

Beseitigung von Feuchteschäden

Wie entsteht der Schwärzepilz?

Der Samen der Pilze besteht aus Sporen, das sind kleinste Zellen mit einer Dimension von etwa 10 Tausendstel Millimeter. Pilzsporen werden mit der Luft überall hingetragen. Zusammen mit dem Staub gelangen sie auf die Oberflächen von Wänden und Einrichtungsgegenständen. Doch weder in der Luft noch auf trockenen Oberflächen sind die Pilzsporen schädlich. Werden diese Oberflächen aber feucht, z. B. durch Tauwasser, so beginnen die Pilzsporen ein Wachstum. Dies geschieht auch in dunklen Bereichen, denn Pilze besitzen kein Chlorophyll und benötigen deshalb für ihr Wachstum kein Licht.

Es zeigen sich zuerst einzelne grüngraue Flekken (Bild 91) und sehr bald schwarze Schimmelrasen (Bild 93). Trocknet die Feuchtigkeit wieder ab, so hört das Schimmelwachsen auf und beginnt erst wieder, wenn erneut Feuchtigkeit hinzu kommt. Der trockene Schimmel bleibt aber bestehen.

Pilzbefall ist wegen der Pilzsporen gesundheitsschädlich. Sie können Anlaß zu Allergie-Erkrankungen der Atmungswege sein. Es ist auch allgemein bekannt, daß das Verzehren von schimmelbefallenen Lebensmitteln zu schweren Vergiftungen führen kann. Kinder, die den Schwärzepilz mit Finger abwischen, und den Finger anschließend in den Mund stecken, können an Magen- und Darminfektionen erkranken.

Gesundheitsschädlich ist also nicht die Feuchtigkeit, sondern erst der durch die Feuchtigkeit entstehende Schimmel- und Pilzbefall.

91 **Beginnender Schwärzepilz**
Dabei ist die obere Raumecke am meisten gefährdet. Foto: Rolf Oehme, Stuttgart

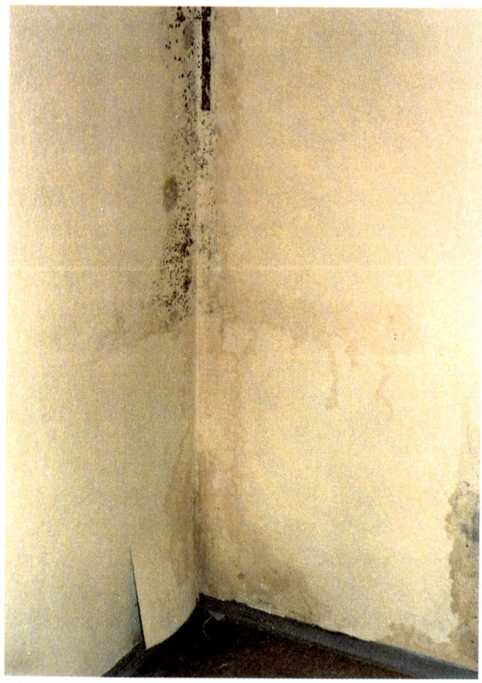

92 **Abgelöste Tapeten**
infolge kondensierter Raumluftfeuchte in der Ecke Foto: RWE, Essen

Ausblühungen sind meist unschädlich

Ausblühungen an Putzoberflächen sind ebenfalls eine Folge von Feuchtigkeitseinwirkung. Dabei handelt es sich überwiegend um wasserlösliche Salze, die beim Austrocknungsvorgang an die Oberfläche des Mauerwerks oder Putzes wandern. Nach dem Verdunsten der Feuchtigkeit bleibt ein weißer flaumiger Niederschlag zurück.

Soweit es sich dabei nicht um salpetersaure Salze handelt, sind Ausblühungen nicht bösartig und lassen sich nach vollkommener Austrocknung mit Fluaten beseitigen. Dabei werden durch chemische Umsetzungen die Salze unschädlich gemacht.

Dampfsperren allein verhüten kein Tauwasser

Im Zusammenhang mit der Beseitigung von Wärmebrücken wird mitunter die Dampfsperre als Rettungsmittel genannt – was aber falsch ist.

Tauwasser auf Oberflächen entsteht eindeutig durch die Unterschreitung der Taupunkttemperatur. Wird nämlich auf einem Bauteil mit zu niedriger Oberflächentemperatur eine Dampfsperre angebracht, bildet sich das Wasser eben an dieser neuen Oberfläche. Die Tauwasserbildung erfolgt sogar verstärkt, weil nämlich der bisher von der Wand aufgenommene Feuchtigkeitsanteil gestoppt wird.

Damit soll aber der Wert einer Dampfsperre keinesfalls herabgesetzt werden. Dampfsperren oder Dampfbremsen sind immer dann notwendig, wenn es gilt, das Eindringen von Raumfeuchte *in* die Konstruktion zu verhindern.

Eine dampfbremsende und zugleich etwas wärmedämmende Wirkung haben Depron-Untertapeten aus extrudiertem Polystyrol-Hartschaum.

93 **Starker Schwärzepilz** in der oberen Raumecke eines Bades
Foto: Rolf Oehme, Stuttgart

Die Beseitigung einzelner Wärmebrücken

Sehr viele Schäden durch Tauwasser sind auf eine ungenügende Wärmedämmung der Außenbauteile zurückzuführen. In jedem Schadensfall wird man also als erstes feststellen müssen, ob die erforderliche Wärmedämmung zur Vermeidung von Tauwasserbildung vorhanden ist. Es hat nämlich keinen Sinn, bewohnte Räume zu sanieren und Feuchtigkeitsschäden zu beseitigen, wenn die Wärmedämmung nicht stimmt oder wenn sie nur ungenügend ausgeführt ist.

Ist eine umfassende Außendämmung nicht möglich, dann müssen die Wärmebrücken einzeln beseitigt werden. Diese Arbeiten kann auch ein Mieter in seiner Wohnung vornehmen. Ist auch dies nicht durchführbar, hilft nur noch ein ausreichendes Heizen bei gleichzeitigem Lüften.

Beseitigung von Pilzbefall

Damit Pilzbefall überhaupt entstehen kann, ist Feuchtigkeit auf Oberflächen erforderlich. Wer den Pilzbefall erfolgreich bekämpfen will, muß also zuerst die Feuchtigkeit und ihre Ursachen beseitigen. Bewährt hat sich das folgende Rezept:

- Im **Winter** die Fenster in der Wohnung oder in den befallenen Räumen etwa zehn Minuten lang weit öffnen; Durchzug herstellen und kalte und trockene Außenluft hereinlassen. Dann alle Fenster schließen und voll aufheizen. Nach drei bis vier Stunden ist die Luft erneut mit Feuchtigkeit gesättigt. Dieses Wechselspiel ist so lange zu wiederholen, bis die durchfeuchteten Oberflächen gut trocken sind, wenn notwendig, über mehrere Tage hinweg.
- Im **Sommer** ist während der kühlen Nacht zu lüften, damit die Wohnung entfeuchtet wird. Am wirksamsten als Querlüftung.

Der Trocknungsvorgang wird beschleunigt, wenn man die Möbel von den Wänden abrückt, die Raumecken freimacht und die Vorhänge in Fenstermitte zusammenschiebt. Will man noch mehr tun, kann ein Ventilator, der seitlich hinter dem abgerückten Schrank aufgestellt, und mehrmals am Tag in Betrieb genommen wird, sehr nützlich sein. Die Luftumwälzung und damit die Feuchtigkeitsabfuhr wird dadurch beschleunigt.

Es hat keinen Sinn, die mit Schimmel befallenen Stellen abzubürsten und zu überstreichen oder neue Tapeten zu kleben. Eine völlig nutzlose Arbeit, eine reine Schönheitsreparatur, die nur wenige Monate vorhält. Nach der nächsten Kälteperiode ist die Wärmebrücke garantiert wieder sichtbar.

Ebenso ungeeignet ist das Abwaschen mit handelsüblichen Reinigungsmitteln. Dadurch wird zwar kurzfristig der Schimmel beseitigt, gleichzeitig aber auch ein neuer Nährboden für die nächste Schimmelbildung geschaffen.

Es genügt auch nicht, durch Feuchtigkeit entstandenen Schimmel mit pilzvernichtenden Chemikalien (Fungizide) zu beseitigen. Damit werden lediglich die Auswirkungen bekämpft, aber nicht die Ursachen. Solche Mittel sollte man auch nur sparsam verwenden, denn sie enthalten meist Giftstoffe.

Bei Beginn von wirkungsvollen Sanierungsarbeiten ist zunächst der vorhandene Schimmelbefall gründlich zu beseitigen. Ist der Befall sehr stark, mit der Drahtbürste und geeigneten Lösungen. Auch ein Abflämmen mit der Lötlampe kann sehr erfolgreich sein. Stark beschädigte Putzflächen sind zu erneuern und mit einem Fungizid ausgerüsteten Grundanstrichstoff zu überstreichen. Bei saugfähigen Oberflächen (Leichtputze, Gipskartonplatten, Holz usw.) sollte dieser Grundanstrich weit genug eindringen.

Dämmstoffe für die Sanierung

Für die Sanierung von einzelnen Wärmebrücken vom Innenraum aus sind Dämmstoffe aus extrudiertem Polystyrol-Hartschaum gut geeignet. Diese Dämmstoffe haben eine geschlossene Zellstruktur, faulen und verrotten nicht und sind ausreichend druckfest. Ein weiterer Vorzug ist ihre relativ hohe Dichte gegen das Eindringen von Wasserdampf. Zusätzliche Dampfbremsen sind deshalb im allgemeinen nicht erforderlich. Handelsüblich sind:

- Dämmplatten in den Dicken von 40 bis 120 mm, in den Größen 60 x 125 cm (z. B. Roofmate, Styrodur). Aus diesen Dämmplatten lassen sich die in Bild 4 aufgeführten Dämmkeile herstellen.
- Dämmtapeten in den Dicken 3 und 6 mm (z. B. Depron in Plattenform mit den Abmessungen zweimal 62,5 x 80 cm bzw. zweimal 125 x 80 cm).

Diese Dämmstoffe können mit Tapeten und Dispersionsfarben beschichtet werden. Kleber, Ausgleichsspachtelungen, Grundierungen, zusätzliche Dampfbremsen usw. nach jeweiliger Herstellervorschrift.

Bei der Verarbeitung von Polystyrol-Hartschaumplatten ist besonders darauf zu achten, daß keine Kleber oder Anstrichstoffe verwendet werden, die schädliche Lösungsmittel enthalten. Ansonsten ist die Verarbeitung eine recht einfache und saubere Angelegenheit.

Wärmedämmende Untertapeten eignen sich auch für die Verbesserung des Wärmeschutzes von Wänden zwischen beheizten und nicht beheizten Räumen (Seite 33).

In jedem Fall erhält man einen glatten Untergrund für Tapezierungen, Anstriche und Beschichtungen. Kleinere Putzrisse im Untergrund werden überdeckt und können sich nicht mehr nachteilig auf die Schmucktapete auswirken.

94 Dämmkeile aus extrudiertem Polystyrol-Hartschaum für die Sanierung von Wärmebrücken

Links:
Große Dämmkeile zum Ansetzen auf den Putz; der schmale Rand 3 bis 6 mm dick.

Mitte:
Große Dämmkeile zum Einbau in den Putz; der schmale Rand 10 bis 15 mm dick.

Rechts:
Kleine Dämmkeile zur Behebung begrenzter Schadstellen; der schmale Rand 3 bis 6 mm dick.

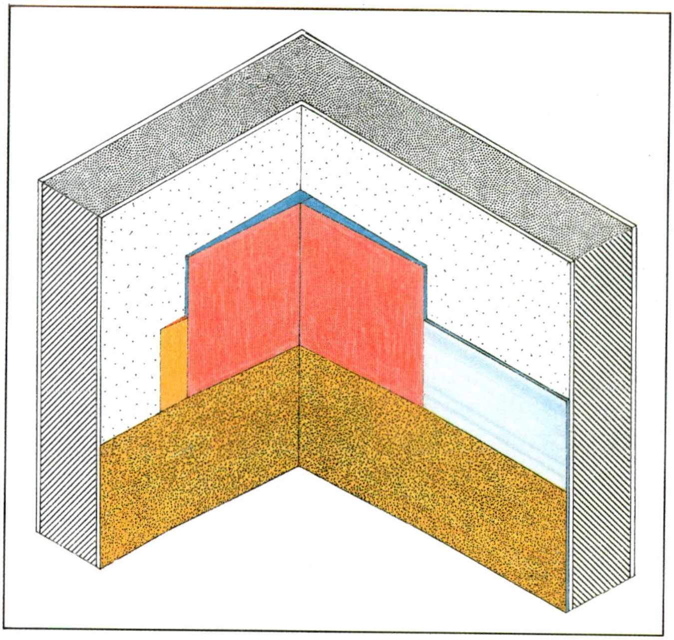

95 Sanierung von Raumecken mit auf dem Putz angesetzten großen Dämmkeilen

Der Pilzbefall ist gründlich zu beseitigen (Seite 90), der Wandputz für eine Klebung vorzubereiten. Die großen Dämmkeile sollten in der Ecke mindestens 40 mm dick sein, wenn es sich um eine freie Raumecke handelt, und mindestens 50 mm dick, wenn die Ecke mit großen Möbeln zugestellt ist. Den Übergang mit Spachtelmassen herstellen (links) oder eine 6 mm dicke Dämmtapete anschließen (rechts).

Für die Übergangsspachtelung zum Wandputz sollte man Massen verwenden, die selbst noch einen gewissen Eigendämmwert besitzen, um vor allem einen allmählichen Übergang zur normalen Wand herzustellen.

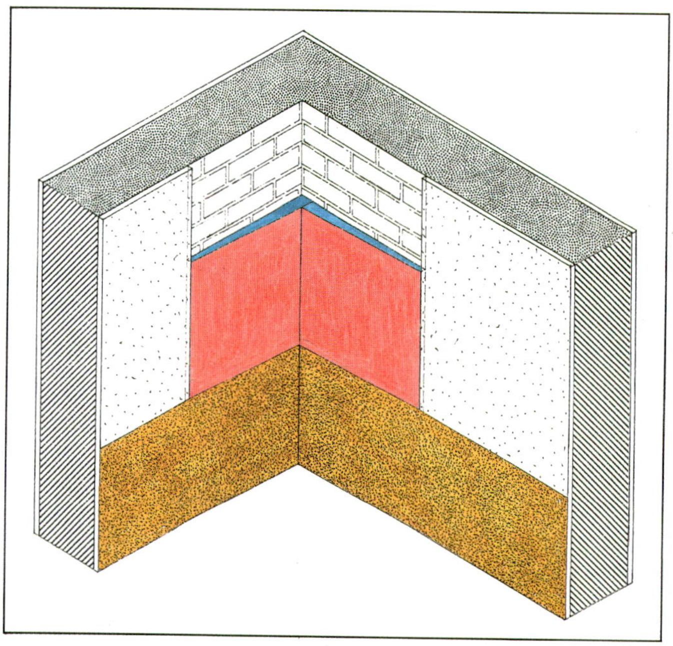

Der bauphysikalische Vorteil von Dämmkeilen wird auf der nächsten Seite beschrieben.

96 Sanierung von Raumecken mit großen Dämmkeilen nach Entfernung des Innenputzes

Ist der Wandputz in der Ecke zerstört, muß er entfernt werden. Dabei den Ausschnitt mit der Trennscheibe sauber begrenzen. Die großen Dämmkeile mit Baukleber auf der rohen Wand ansetzen. Fugen und Übergänge nachspachteln. Abschließend die durchgehende Rauhfaser- oder Schmucktapete kleben.

97 **Sanierung einer oberen Raumecke mit großen und kleinen auf dem Putz angesetzten Dämmkeilen**

Ein Balkon als auskragender Teil der benachbarten Geschoßdecke ist dämmtechnisch ein sehr schwieriges Bauteil (Seite 78). Entsteht Pilzbefall, dann wird meist der Deckenrand stärker befallen als die anschließende Außenwand.

Zur Beseitigung derartiger Schäden kann die kombinierte Anwendung von großen und kleinen Dämmkeilen zweckmäßig sein.

Arbeitsgänge wie bei Bild 95 beschrieben.

Für die anschließende Deckenfläche empfehlen sich 6 mm dicke Dämmtapeten. Damit wird der Wärmedämmwert der Geschoßdecke etwas angehoben (Seite 32). Darüber hinaus ergibt sich insgesamt ein gleichmäßiger Untergrund für die Deckentapete.

Der Vorteil von Dämmkeilen

In Zusammenhang mit einem vom Bundesbauministerium geförderten Forschungsvorhaben wurde festgestellt, daß gleichmäßig dicke Dämmplatten zur Sanierung von Wärmebrücken in Raumecken ungünstig sind. An den äußeren Rändern dieser Zusatzdämmungen ergibt sich ein „Übergangseffekt", der durch eine Verbindung von Isothermen (Verbindungslinien zwischen Bereichen im Bauteil mit gleicher Temperatur) hervorgerufen wird. Die Schwachstelle in der Ecke – die man eigentlich beseitigen wollte – verlagert sich an den Rand der gleichmäßig dicken Zusatzdämmung. Es wäre möglich, durch ein konisches Auslaufenlassen der Wärmedämmung diese Bündelung abzuschwächen.
Entnommen aus dem Buch „Wärmebrückenkatalog", Verlag B. G. Teubner, Stuttgart 1986. Die Forscher waren Dipl.-Ing. Georg-Wilhelm Mainka und Prof. Dr. Ing. Heinrich Paschen.

Gefährdeter Fensterbereich

Die Fenster und die sie umgebenden Bauteile sind auch heute noch ein kritischer Bereich, auch wenn die neuen Fenster dicht schließen und mit gut wärmedämmenden Verglasungen ausgestattet sind. Nachstehend werden einige Schwachstellen kurz beschrieben. Darüber hinaus sollte das eigentliche Fensterkapitel auf den Seiten 34 bis 42 beachtet werden.

Rolladenkasten mit Zusatzdämmung

Wärmetechnisch ist der bisher übliche Hohlraum für den Rolladen zur Außenluft zu rechnen. Demnach wäre die innere Blende die *Außenwand* des Rolladenkastens. Aber die wenigsten Rolladenkästen sind an dieser Stelle so ausreichend gedämmt, daß sie diese Funktion erfüllen können. Will man einen übermäßigen Wärmedurchgang in diesem Bereich vermeiden und dabei gleichzeitig noch vorhandene Pilzschäden in der oberen Raumecke beseitigen, empfiehlt es sich, die innere Blende mindestens 30 mm dick zu dämmen. Bei sehr breiten Fenstern oder auch Fenstergruppen kann diese Blende aus architektonischen Gründen die gesamte Raumbreite einnehmen (Bild 27/4, Seite 29).

Tote Winkel im unteren Fensterbereich

Bei tiefen Fensterbrüstungen ohne Heizkörper oder bei Heizkörperbrüstungen mit breiten Fensterbänken ohne Durchbrechungen ergibt sich im unteren Fensterbereich – also direkt über der inneren Fensterbank – ein *toter Winkel*. Die Raumluft erreicht diese Ecke nur ungenügend. Außerdem wird durch die dichten Fenster kaum noch Außenluft hereingelassen. Infolge des verringerten Wärmeübergangs kann sich im unteren Fensterbereich Tauwasser bilden.

Tauwasser bei Isoliergläsern

Besteht der Randverbund der Isolierglaseinheiten aus metallischen Werkstoffen, so stellt er praktisch eine konstruktiv bedingte Wärmebrücke dar. Damit verbunden sind niedrigere Oberflächentemperaturen an den Scheibenrändern. So kann im Randbereich der Scheibe frühzeitig Tauwasser auftreten, während die übrige Scheibe trocken bleibt.

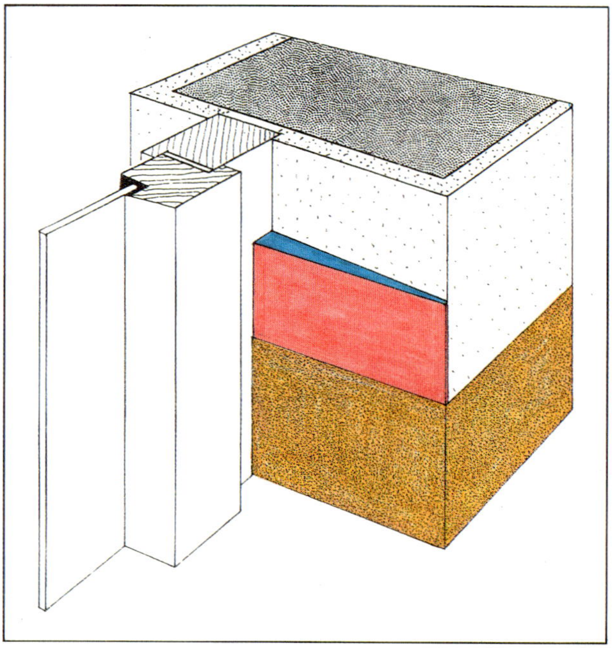

98 **Fensterlaibung mit Wärmebrücke**

Ungedämmte Fensterlaibungen in einschaligen massiven Außenwänden können sehr intensive Wärmebrücken sein. Dies um so mehr, je weiter das Fenster außen sitzt. Bei älteren Fenstern mit großer Durchlässigkeit und einfacher Verglasung kommt noch hinzu, daß in diesem Bereich vermehrt Kaltluft auftritt. Nachdunkelungen neben den Fensterrahmen sind die Regel, in ungünstigen Fällen auch Schimmelbildung. Durch das Aufkleben eines kleinen Dämmkeils kann dieser Mißstand behoben werden. Ist der Blendrahmen nicht breit genug, muß ggf. der Laibungsputz abgeschlagen werden. Bei Verwendung von Dämmkeilen entsteht eine aus optischen Gründen erwünschte Abschrägung der Laibung.

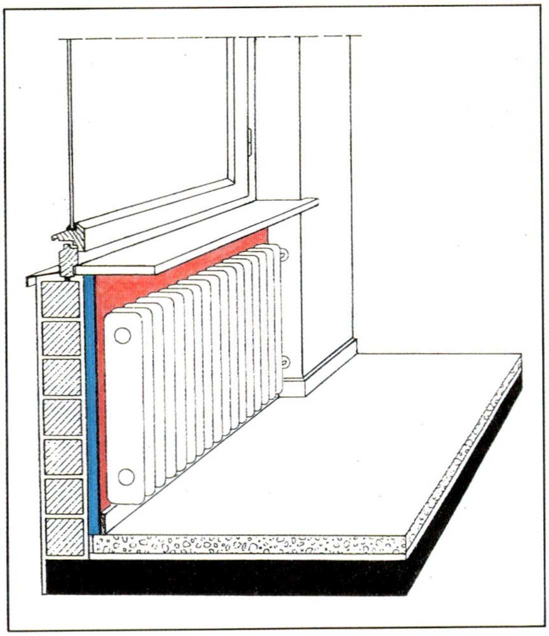

99 **Dämmung der Heizkörperbrüstung**

Die Wärmedämmung hinter dem Heizkörper hat zwei Vorteile:

- Die Entstehung von Pilzbefall (Bild 101) wird verhindert.
- Der Wärmeverlust durch die Brüstung wird erheblich herabgesetzt.

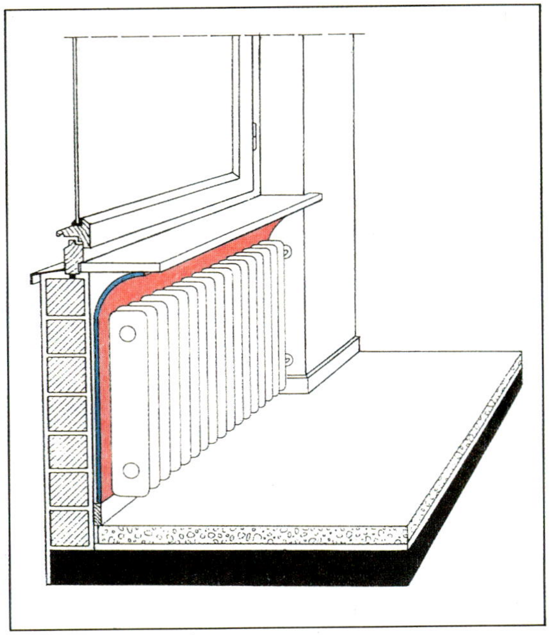

100 **Reflexionsfolie als kleine Wärmedämmung**

Die Folien reflektieren die Wärmeabgabe, die der Heizkörper zur Brüstung abgibt. Sie sollten stets mit einer dünnen Schaumstoffschicht hinterlegt sein. Eine wirksame Wärmedämmschicht (Bild 99) können sie allerdings nicht ersetzen.

101 **Pilzbefall bei Heizkörperbrüstungen**

Das Bild stammt aus einem Wohngebäude, das noch keine zehn Jahre alt ist.

Im Bereich der äußeren Fensterbank fehlt die Wärmedämmung. Die Folge ist, daß sich bei abgestellter Heizung auf der Innenseite Schimmel bildet. Nachdem man diesen Mißstand beim eingebauten Fenster kaum noch durch eine Nachholung der vergessenen Wärmedämmung beseitigen kann, empfehlen sich die in Bild 99 und 100 beschriebenen Maßnahmen.

Foto: RWE, Essen

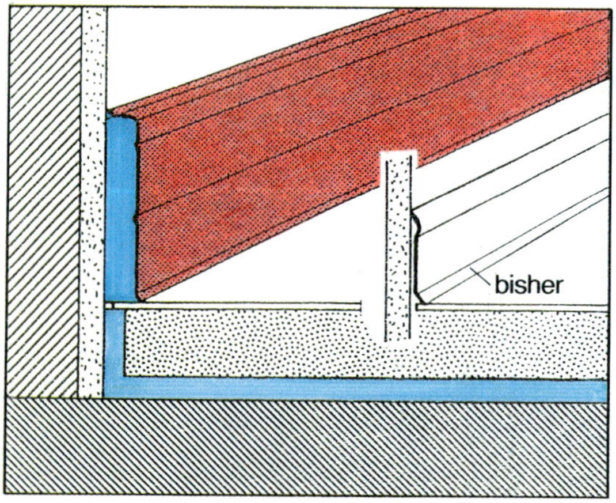

102 **Hohe Kunststoff-Sockelleiste mit Dämmstoff hinterfüllt**

Damit lassen sich Wärmebrücken, die einen nur geringen Pilzbefall zur Folge haben, sehr gut beseitigen.

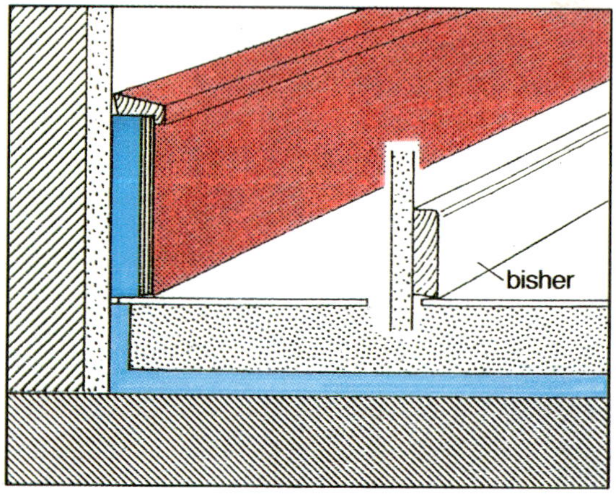

103 **Hohe Holz-Sockelleiste mit Dämmstoff hinterlegt**

Zu empfehlen, wenn in diesem Raum Holz-Sockelleisten vorhanden sind.

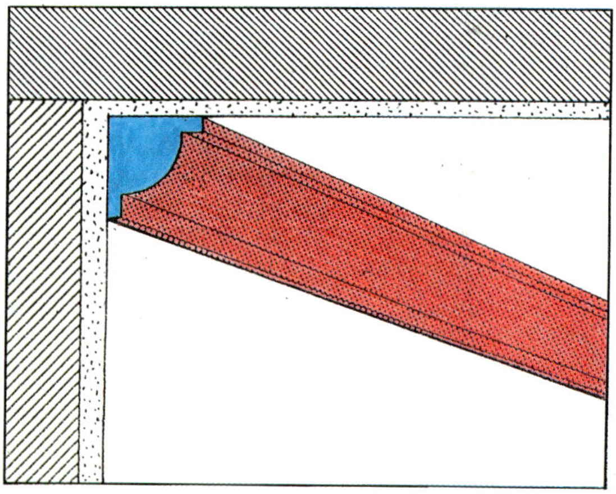

104 **Profilstab für kleine Wärmebrücken**

Profilleisten aus Polystyrol-Hartschaum, die weitgehend den bekannten Stuckprofilen nachempfunden sind.

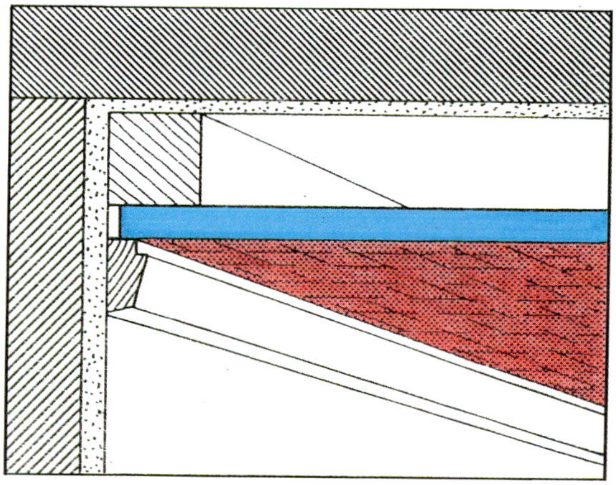

105 **Zwischendecke bei großflächigen Wärmebrücken und/oder hohen Räumen**

Damit kann man bei Verwendung geeigneter Dämmstoffe den Wärme- und Schallschutz gleichzeitig verbessern.